# 경계를 넘나든
## 통섭의 과학기술자들

레오나르도 다빈치에서
앨런 튜링까지

# 경계를 넘나든 통섭의 과학기술자들

레오나르도 다빈치에서
앨런 튜링까지

송성수 지음

자유아카데미

# 머리말

우리 사회에서 '융합형 인재' 혹은 '통섭형 인간'과 같은 용어가 거론된 지도 제법 되었다. 이전에는 한 우물만 파는 'I'자형 인간이 강조되었지만 요즘에는 여러 분야를 아우르는 'T'자형 인간이나 'Π'자형 인간이 주목을 받고 있다. 세상이 워낙 빠르게 변화하는 까닭도 있을 것이고 인간의 수명이 늘어나는 탓도 있을 터이다. "깊이 팔려면 넓게 파라"라는 명언도 있으며, "창의적인 사람은 잡(雜)스럽다"는 우스갯소리도 있다.

이 책은 작년에 발간한 『과학기술과 사회를 만든 사람들: 11명의 과학자에 관한 조금 깊은 전기』의 후속편에 해당한다. 지난 책이 스타플레이어 과학기술자들을 대상으로 삼았다면, 이번 책에서는 경계를 넘나든 과학기술자들을 뽑아 보았다. 레오나르도 다빈치, 르네 데카르트, 벤저민 프랭클린, 마이클 패러데이, 새뮤얼 모스, 귀스타브 에펠, 릴리언 길브레스, 닐스 보어, 라이너스 폴링, 우장춘, 레이첼 카슨, 앨런 튜링이 그들이다. 이러한 12명의 과학기술자들 중에 릴리언 길브레스와 레이첼 카슨은 여성이고, 우장춘은 한국인이다.

레오나르도 다빈치는 르네상스를 대표하는 예술가이지만 기술과 과학도 섭렵했다. 데카르트는 철학자로, 프랭클린은 정치가로 유명하지만, 두 사람 모두 과학과 기술에 상당한 업적을 남겼다. 패러데이는 과학과 대중의 경계를, 모스는 미술과 기술의 경계를 넘나들었다. 에펠은 교량에서 시작한 후 건축과 과학으로 나아갔다. 릴리언 길브레스는 경영과 공학을, 보어는 과학과 철학을 섞었다. 폴링은 노벨 화학상과 노벨 평화상을 수상한 족적을 남겼으며, 우장춘은 일본과 한국의 국경을 넘어선 세계적인 과학자였다. 카슨은 과학과 문학을, 튜링은 현실과 상상을 연결했다.

책에서 다룬 인물이 어떻게 경계를 넘었는지, 그것이 어떻게 가능했는지, 그 결과 어떤 업적을 이루었는지, 내가 그 사람이라면 어떤 선택을 했을지 등을 염두에 두고 독서를 하면 좋겠다. 익숙한 인물도 있고 생경한 인물도 있겠지만, 새로운 면모를 탐구한다는 열린 마음을 가졌으면 한다.

이 책은 저번과 마찬가지로 '조금 깊은 전기'를 지향하고 있다. 그것은 가볍게 넘길 정도로 소략하지도 않으며, 읽기에 부담스러울 정도로 번잡하지도 않다는 취지를 담고 있다. 흥미(興味)와 의미(意味)라는 두 가지 맛을 모두 담아내기 위한 고민으로 알아주기 바란다.

책의 내용 중에서 귀스타브 에펠, 우장춘, 앨런 튜링은 새로 준비했고, 다른 9명의 경우에는 기존 원고를 보강했다. 글을 쓰거나 고치다 보면 내가 아는 것과 모르는 것이 분명해지는 것 같다. 벤저민 프랭클린이 설파했듯, "독서는 정신적으로 충실한 사람을 만든다. 사색은 사려 깊은 사람을 만든다. 그리고 논술은 확실한 사람을 만든다." 글쓰기는 공부의 출발점이자 종착점이며, 종착점은 또 하나의 출발점이라는 생각도 든다.

이 책을 준비하는 과정에서도 많은 분들의 도움을 받았다. 참고문헌에 수록된 저작이나 역서에 공을 들이신 연구자들과 작가들께 감사드린다. 특히 카슨에 대해 선구적으로 논의해주신 포스텍의 임경순 교수님과 우장춘의 활동을 꼼꼼하게 연구해주신 전북대학교의 김근배 교수님께 머리를 숙인다. 글감을 고르고 그림을 찾는 데는 집단지성 위키피디아가 일등공신이 되어 주었다. 출판의 기회를 주시고 꼼꼼한 편집을 담당해 주신 자유아카데미의 관계자 분들께도 고마움을 전한다. 끝으로 'AI 프린세스' 이윤주와 '씩씩한 취준생' 송영은에게 신작이 나왔음을 신고한다. 모든 분들의 건행을 기원한다.

산과 강, 바다가 어우러진 고장에서

송성수 드림

# 차례

# 1장

# 레오나르도 다빈치
## Leonardo da Vinci

끝을 알 수 없는 르네상스의 거장

르네상스(Renaissance)라는 개념은 매우 복잡해서 그것의 성격이나 시기에 대해서는 일치된 의견을 찾기가 힘들다. 르네상스 시대의 사람들은 정치적 격변기 속에서 매우 불안정한 삶을 살았다. 그들은 자수성가하여 자유롭게 사는 것을 자랑으로 여겼다. 그들은 문학, 역사, 과학, 기술, 예술 등 매우 다양한 문제에 관심을 기울였으며 자유롭게 자신의 관심 분야를 탐구했다. 그렇기 때문에 그들의 작업은 체계적으로 정리되지 못했고 과거의 흔적과 미래의 방향이 섞여 있었다. 이러한 르네상스의 특징을 잘 보여주는 인물로는 레오나르도 다빈치(Leonardo da Vinci, 1452~1519)를 들 수 있다. 그는 미켈란젤로(Michelangelo Buonarroti, 1475~1564), 라파엘로(Raffaello Sanzio, 1483~1520)와 함께 '르네상스의 3대 거장'으로 불린다.

1510년경에 그려진
레오나르도 다빈치의 자화상

## 빈치 마을의 레오나르도

레오나르도 다빈치를 화가로 국한시키기에는 무리가 따른다. 사실상 그가 작업한 것이 분명한 그림은 스무 점 정도에 지나지 않는다. 레오나르도 다빈치의 정체를 수식하는 어구로는 화가, 조각가, 발명가, 건축가, 도시계획가, 물리학자, 천문학자, 해부학자, 식물학자, 지리학자, 음악가 등을 들 수 있다. 만약 그가 명함을 만들었더라면 찬란한 수식어 때문에 매우 큰 사이즈의 명함이 필요했을 것이다. 굳이 레오나르도 다빈치의 정체를 규정한다면 장인(artisan)이 적합해 보이는데, 당시에는 아트(art)가 기술과 예술이 혼재된 '기예(技藝)'의 성격을 띠고 있었기 때문이다.

레오나르도 다빈치의 생애는 어린 시절(1452~1466년), 제1차 피렌체 시대(1466~1482년), 제1차 밀라노 시대(1482~1499년), 제2차 피렌체 시대(1500~1506년), 제2차 밀라노 시대(1506~1513년), 로마·앙부아즈 시대(1513~1519년)로 구분되고 있다.

레오나르도 다빈치는 1452년 4월 15일 토요일 새벽 3시에 태어났다. 그가 태어난 시각을 정확히 알 수 있는 것은 공증인이었던 할아버지의 직업적인 습관 때문이었다. 레오나르도 다빈치의 출생지는 이탈리아의 피사와 피렌체 사이의 언덕에 있는 '빈치'라는 작은 마을이었다. 레오나르도 다빈치는 '빈치 마을의 레오나르도'라는 뜻이므로, 줄여서 쓸 때는 '다빈치'보다는 '레오나르도'가 적절하다. 사실상 15세기만 해도 소수의 왕족이나 귀족만이 성(姓)을 가지고 있었고, 대부분의 사람들은 이름만 있는 경우가 허다했다. 레오나르도는 지금도 흔한 이름이며, 다빈치가 레오나르도 다빈치를 지칭하는 특별한 명칭이라는 견해도 있다.

레오나르도의 아버지 세르 피에르(Ser Piero da Vinci)는 유명한 공증인이었고, 어머니 카타리나(Caterina di Meo Lippi)는 가난한 소작농의 딸이었다. 아버지가 다른 여자와 결혼했기 때문에 레오나르도는 사생아(私生兒)가 되었고, 조부모와 숙부 손에서 자랐다. 오늘날의 관점에서 보면 불행하게 여겨질 수 있겠지만, 당시에는 흔히 있는 일이었다. 자신이 사생아이기 때문에 가문의 직업이나 관례의 굴레에서 벗어날 수 있었다고 자랑하는 사람도 제법 있었다. 이런 점에 비추어보면, 레오나르도가 자신의 변칙적인 출생과 어린 시절을 언짢게 생각했던 것이 오히려 이상한 현상이라고도 할 수 있다.

## 스승보다 뛰어난 견습생

레오나르도는 14살이 되던 1466년에 피렌체로 갔다. 아버지는 레오나르도를 베로키오(Andrea del Verrocchio)의 공방(workshop)에 도제(apprentice)로 들여보냈다. 베로키오는 당시 피렌체를 지배하고 있던 메디치(Medici) 가문에 그림, 조각, 식기 등을 만들어 팔았다. 레오나르도는 청소나 심부름과 같은 허드렛일부터 시작한 후 베로키오의 지도로 나무, 대리석, 금속 등을 다루는 방법을 배웠다.

베로키오는 레오나르도의 뛰어난 재능에 깊은 인상을 받았고 철학, 수학, 해부학, 생리학 등을 두루 공부하라고 권했다. 진정으로 훌륭한 장인이 되려면 여러 분야를 섭렵해야 한다는 것이 스승의 생각이었다. 사실상 베로키오의 공방은 단순한 작업장이 아니라 다양한 주제에 대한 학습과 토론이 이루어진 공간이었다. 6년 동안의 도제생활을 마쳤을 때 레오나르도는 베로키오 공방의 수석 화가가 되었다.

16세기 이탈리아 화가이자 최초의 미술사학자로 평가되는 바사리(Giorgio Vasari)는 『이탈리아 미술가 열전』에서 레오나르도에 대한 흥미로운 일화를 전하고 있다. 〈그리스도의 세례〉라는 그림을 준비하면서 레오나르도가 스승보다 더 생동하는 천사 그림을 그려 넣은 탓에 베로키오가 그림을 그만두고 조각에 몰두했다는 것이다.

레오나르도는 20세가 되던 1472년에 피렌체 화가 조합에 정식 회원으로 가입했다. 이제 자신의 공방을 운영할 수 있게 되었으나, 그는 계속해서 베로키오의 공방에서 일했다. 레오나르도의 그림 실력은 매우 뛰어났지만, 그에게도 결점은 있었다. 주문받은 일감을 끝까지 완성시키지 않는 일이 잦았던 것이다. 일감이 줄어들자 레오나르도는 친구 산드로 보티첼리(Sandro Botticelli)와 함께 식당을 개업

1472~1475년경에 제작된 <수태고지(受胎告知)>로 원근법을 적용한 작품으로 유명하다.

하기도 했다. 1475~1478년에 운영된 '산드로와 레오나르도의 세 마리 개구리(Le tre rane di Sandro e Leonardo)'가 그것이다.

레오나르도는 왼손잡이로 알려져 있다. 그가 왼손잡이라는 증거는 확실하다. 오른손잡이가 그린 그림에는 빗금이 왼쪽 아래에서 오른쪽 위로 그어지는 데 반해 레오나르도의 그림에서는 빗금이 반대 방향으로 그어져 있기 때문이다. 사실상 그가 남긴 많은 노트도 오른쪽에서 왼쪽으로 씌어져 있으며 거울에 비추어야 글자가 바르게 보인다. 그러나 레오나르도는 오른손으로 작업을 하는 경우도 있었는데, 그것은 피렌체 시절에 왼손을 다쳤기 때문으로 풀이된다.

## 레오나르도 다빈치의 자기소개서

레오나르도는 30세가 되던 1482년에 스스로 후원자를 얻어 독립적인 활동을 벌여나가기 시작했다. 오늘날의 관점으로는 프리랜서가 된 것이다. 그 후 레오나르도는 다양한 후원자들의 입맛에 맞게 자신의 재주를 팔고 다녔다. 그러한 과정에서 그는 미술뿐만 아니라 토목, 군사, 기계, 건축, 해부, 수학, 역학 등과 같은 다양한 분야로 관심의 폭을 넓혔다. 레오나르도는 다양한 분야의 학자들과 교류하면서 온갖 분야에 대한 관심을 키워나갔다. 그는 웬만한 학자보다 더욱 많은 책을 보유하고 있었다. 레오나르도는 음악에도 상당한 재능을 보였으며, 오늘날 바이올린의 조상에 해당하는 수금을 멋지게 연주했다고 한다.

1482년경에 레오나르도는 밀라노를 통치하고 있던 스포르차 가문의 루도비코 일 모로(Ludovico il Moro) 공작에게 다음과 같은 편지를 보냈다. "저는 매우 가볍지만 그러면서도 강한 다리의 설계도를 가지고 있습니다. 저는 개천에서 물을 끌어올 수 있는 기구들도 만들 수 있습니다. 저는 모든 성채나 다른 요새를 부수기 위한 방법을 가지고 있습니다. 더 나아가 저는 아주 간편하고 쉽게 이동시킬 수 있는 석포(石砲)의 설계도를 가지고 있습니다. 그리고 저는 아무 소음도 없이 설치할 수 있는 갱도와 구불구불한 비밀통로의 설계도를 가지고 있습니다. 또 저는 안전하고 지붕이 있는 난공불락의 차를 건조할 계획입니다. 바다에서 전투가 일어날 경우에도 저는 공격과 방어에 적합한 많은 기구를 구상하고 있습니다. 평화 시에 저는 건축 기술에서 다른 모든 사람과 겨룰 수 있습니다. 더 나아가 저는 대리석, 광석, 점토의 가공, 그리고 회화에서 어떤 사람 앞에도 내놓을 수 있는 것을 이루어낼 것입니다. 위에서 든 것들이 실행될 수 없는 것처

군인 출신으로 권력의 정상에 오른
루도비코 스포르차

럼 보인다면 저는 전하가 원하는 곳에서 시범을 보일 용의를 얼마든지 가지고 있습니다. 전하께서 저를 써 주시기를 삼가 청원합니다."

참으로 대단한 자기소개서가 아닐 수 없다. 이 편지를 통해 우리는 당시에 어떤 사회적 수요가 있었는지, 레오나르도가 얼마나 다양한 분야에 재주가 있었는지, 그리고 레오나르도가 어떤 전략을 구사했는지에 대해서 잘 알 수 있다. 레오나르도는 남을 알고 자신도 알면서 의도적으로 자신을 소개했던 셈이다. 루도비코 스포르차는 레오나르도를 흔쾌히 받아들였다. 레오나르도는 '궁정 기술자(court engineer)'로서 자신의 능력을 유감없이 발휘했으며, 그에게는 '공작의 기술자'라는 별명이 따라 붙었다.

밀라노 시절에 레오나르도는 자코모(Giacomo Andrea)라는 예쁘장한 사내아이를 집으로 들였다. 그 아이에게 레오나르도는 악마의 뜻을 지닌 '살라이(Salai)'라는 별명을 지어 주었다. 레오나르도에 따르면, 살라이는 "소년 두 명 몫의 음식을 먹었고, 소년 네 명 몫의 말썽을 일으켰다." 하지만 레오나르도는 살라이에게 굉장한 애착을 보였고, 살라이는 거의 30년 동안 레오나르도의 곁에 있었다. 레오나르도는 살라이를 사랑한 동성애자로 평가되고 있다.

## "자연은 큰 인간, 인간은 작은 자연"

밀라노는 레오나르도에게 제2의 고향과 같았다. 그는 1499년까지 밀라노에 머물면서 자신의 생애에서 가장 활기차고 행복한 나

날을 보냈다. 레오나르도는 도시의 하수도를 적절히 배치하고 운하, 도로, 성을 설계하여 수많은 전쟁으로 피폐된 밀라노를 새로운 도시로 바꾸어 놓았다. 레오나르도는 각종 무기를 설계하거나 개발하는 데에도 소질을 보였다. 기관총의 경우에는 여러 개의 총신을 삼각대 위에 올려놓고 세 개의 그룹으로 구분하는 방법이 활용되었다. 한 무리의 총들이 발사되는 동안 다른 총들은 장전되고 셋째 무리의 총들은 식혀지는 방식이었다. 레오나르도의 전차는 대포를 싣고 어떤 방향으로도 회전할 수 있게 설계되었으며, 그의 전함은 선체가 이중으로 되어 있어서 바깥 선체가 망가져도 계속 사용할 수 있었다.

레오나르도는 밀라노 시절에 몇몇 그림도 남겼다. 1485년경에는 〈비트루비우스적 인간(The Vitruvian Man)〉을, 1483~1486년에는 〈암굴의 성모〉를, 1483~1490년경에는 〈담비를 안고 있는 여인〉을, 1495~1497년에는 〈최후의 만찬〉을 그렸다. 〈비트루비우스적 인간〉은 로마 시대의 건축가인 비트루비우스의 논의를 그림으로 표현한 것이고, 〈암굴의 성모〉는 암벽을 배경으로 성모 마리아와 아기 그리스도를 화폭에 담고 있으며, 〈담비를 안고 있는 여인〉은 스포르차의 애첩을 주인공으로 삼고 있다. 〈최후의 만찬〉은 산타마리아 델레 그라치에 성당의 식당 벽에 그려진 작품인데, 안료에 달걀을 섞어서 사용하는 바람에 몇 년 후에는 벽화 바닥이 들뜨고 곰팡이가 피어났다.

레오나르도가 밀라노에서 가장 오랫동안 추진한 작품은 높이가 무려 8미터에 이르는 청동 기마상이었다. 그것은 명문가가 아니었던 스포르차 가문의 위세를 드러내고 싶었던 루도비코 공작의 욕

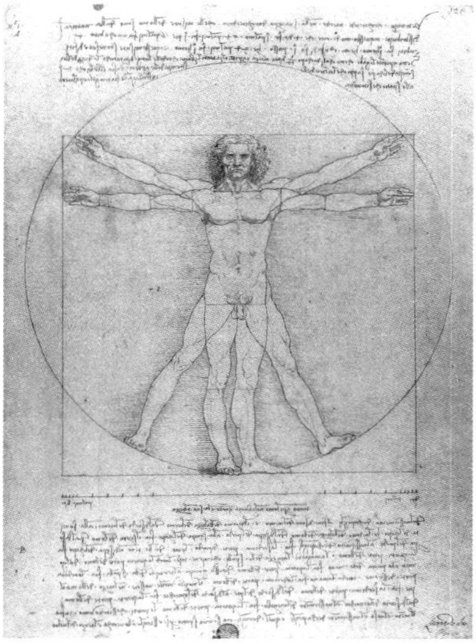

레오나르도 다빈치의
<비트루비우스적 인간>

망과 잘 맞아떨어졌다. 그러나 레오나르도가 기술적·예술적 엄밀성을 추구하는 바람에 기마상을 제작하는 작업은 매우 더디게 전개되었다. 결국 기다림에 지친 루도비코 공작은 레오나르도에게 주었던 청동을 몰수하여 대포를 만들게 했다. 청동 기마상을 중단한 일은 두고두고 회자되었다. 예를 들어 1500년경에 미켈란젤로는 레오나르도와 피렌체의 중앙 광장에 같이 있었는데, 당시에 미켈란젤로는 "청동 기마상을 만들려고 한 것도, 거기에 실패한 것도, 창피하게 그 작업을 중단한 것도 모두 당신입니다."라고 쏘아 붙였다.

밀라노 시절에 레오나르도는 해부학에도 본격적인 관심을 기울였다. 그는 인체를 정확하게 그림으로 옮기려면 해부학 지식이 필요하다고 생각했다. 레오나르도는 유명한 해부학자들을 찾아다니면서 해부하는 방법을 배웠으며, 30구가 넘는 인체를 실제로 해부하기도 했다. 시체를 냉동시킬 방법도 방부제도 없던 시절에 그는 썩는 냄새를 참아가며 장기를 세밀하게 관찰하고 스케치로 남겼다. 레오나르도의 노트에는 자신이 그린 각종 해부도로 가득 차 있는데, 그의 해부도는 사진기로 촬영한 것처럼 정확했다.

레오나르도는 두개골 그림에서 이마와 턱에 구멍이 뚫린 것을 처음으로 나타냈고, 척추가 겹으로 굽은 것을 정확하게 표현했다. 또한 피부 밑의 근육이나 근육 속의 뼈마디 등 인체의 구체적인 구조를 끝까지 파헤쳤으며, 심장, 근육, 태아 등을 매우 세밀하게 그렸다. 근대 해부학의 창시자로 이름을 날린 베살리우스(Andreas Vesalius)는 1543년에 『인체의 구조에 관하여』 혹은 『파브리카(Fabrica)』를 발간했는데, 레오나르도는 이보다 반세기를 앞선 시기에 인

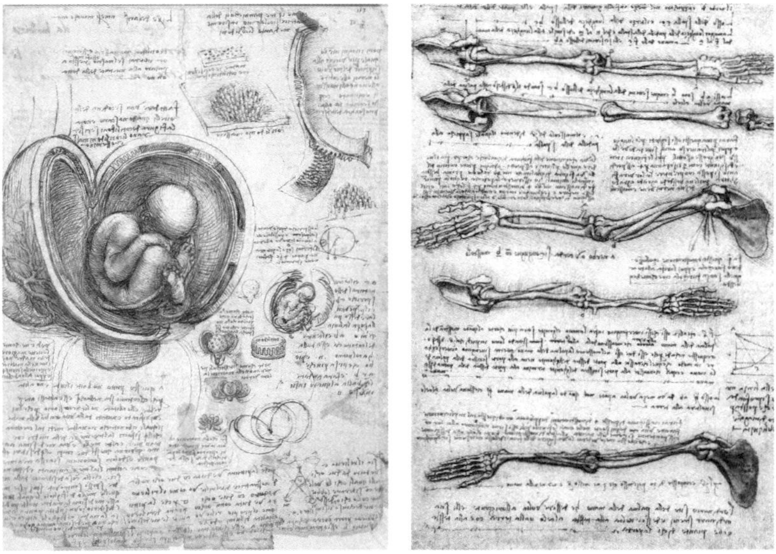

레오나르도 다빈치의 해부도

체구조를 정밀하게 묘사했던 것이다.

레오나르도는 동물과 식물의 움직임도 세밀하게 관찰했다. 날고 있는 새나 뒷발을 들고 일어선 말을 순간적으로 포착하여 그림을 그렸다. 그는 식물에도 암수 성의 구별이 있으며, 태양이나 땅을 향하거나 피하는 성질이 있다는 점도 알고 있었다. 레오나르도는 자연과 인간을 근본적으로 같은 것이라고 생각하면서 자연현상도 인간세계처럼 중요하다고 강조했다. "자연은 큰 인간, 인간은 작은 자연"인 셈인데, 사실상 르네상스 시기에는 자연을 대우주(macrocosm), 인간을 소우주(microcosm)로 비유하는 일이 종종 있었다.

레오나르도가 회화를 과학의 일종으로 평가했다는 점도 주목할 만하다. 그는 회화를 볼 수 있는 세계를 재창조하는 것으로 간주하면서 예술가가 자연의 어떤 부분도 소홀히 해서는 안 된다고 강조했다. 레오나르도는 『회화론』에서 다음과 같이 썼다. "눈으로 볼 수 있는 모든 자연작품의 모방인 회화를 경시하는 사람은 철학적이고 세심한 숙고로 형상의 모든 특성과 방식을 관찰하는 과정을 무시하는 것이다."

## 시대를 앞선 기술적 상상

레오나르도는 항공 기술의 선구자로도 알려져 있다. 그의 연구는 물의 운동을 세밀하게 관찰함으로써 시작되었다. 물의 움직임은 일종의 파동으로서 표면에 가까울수록 그 움직임이 빨라지며 소

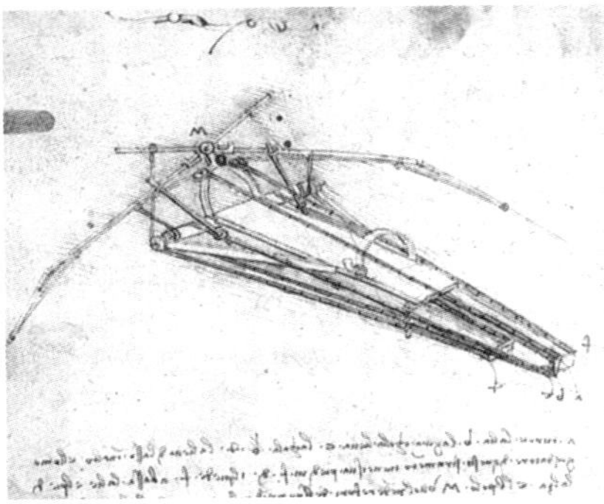 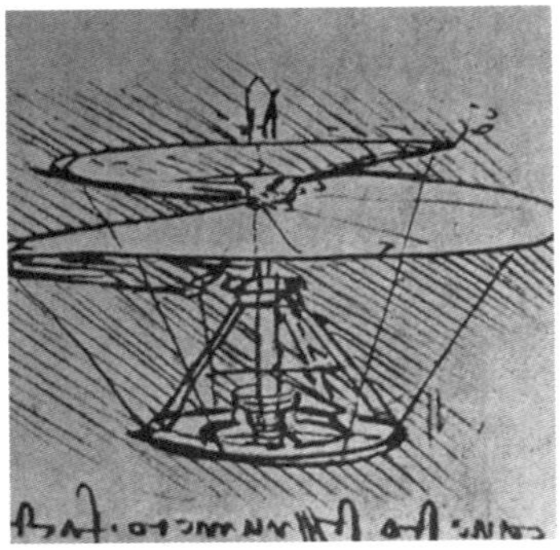

'하늘을 나는 기계(flying machine)'와 '공중 스크루(aerial screw)'에 관한 레오나르도 다빈치의 스케치

용돌이는 넓은 곳에서 생긴다는 것이다. 그 다음에는 물고기의 형태와 구조를 세밀하게 관찰하여 유선형의 구조물이 유체의 저항을 가장 적게 받는다고 결론지었다. 그 후 레오나르도는 새와 박쥐가 바람에 대하여 날개, 꼬리, 머리를 어떻게 사용하는가를 알아보았다. 이러한 연구 결과를 토대로 그는 인공날개, 낙하산, 비행기, 헬리콥터 등을 설계했다.

레오나르도는 마찰력을 체계적으로 연구한 최초의 인물로 평가되기도 한다. 그는 다양한 실험을 통해 물체가 표면에서 미끄러질 때 발생하는 마찰력에 대해 탐구했다. 그 결과 마찰력은 표면의 거친 정도, 물체의 무게, 경사면의 기울기 등과 같은 세 가지 요인에 의해 결정된다는 사실을 알아냈다. "무게가 100파운드인 물체를 경사진 길에서 운반할 때 필요한 힘의 양을 정확히 알아내려면, 그 물체가 표면 위를 움직일 때 표면의 접촉 상태를 먼저 파악해야 한다." 영구기관의 제작이 불가능하다는 레오나르도의 지적도 주목할 만하다. "오! 영속하는 운동의 연구자들이여, 그런 모험 속에서 당신들은 얼마나 많은 헛된 설계를 만들어냈는가! 차라리 연금술사들과 한패가 되거라!"

레오나르도가 만든 각종 기구를 보면 그의 아이디어가 얼마나 기발한지 알 수 있다. 그가 제작한 풍속계에는 바람개비가 있어 그것이 돌아간 각도로 바람의 속력을 알 수 있었다. 그의 시계는 시간과 분을 동시에 가리키도록 되어 있었고 추에 의해 작동되며 태엽으로 조정할 수 있는 것이었다. 레오나르도는 수레가 움직이는 거리를 측정하는 노정계(路程計)도 제작했는데, 손수레를 길로 밀고 가면 바퀴가 돌면서 기어가 움직이고 그 끝에 달린 다이얼이 움직인 거리를 알려 주었다. 야외에서 회화 작업을 할 때 접어서 사용할 수 있는 삼각다리 의자와 쇳물을 녹일 때 바람을 넣어주는 상자 형태의 풀무도 그의 발명품으로 평가되고 있다.

레오나르도의 노트에는 각종 기계적 기술에 대한 설계도가 실려 있다. 그중에서 유명한 몇몇을 열거해 보면 다음과 같다. 자동적으로 줄 날을 세우는 기계, 발로 밟는 크랭크 추진 장치, 연속 회전이 가능하도록 속도조정 바퀴가 달린 선반, 펌프 관을 뚫을 수 있는 천공기, 실을 감는 날개와 자동으로 실을 분할하는 장치가 달린 방적기계, 회전가능한 지붕이 붙은 바람방아, 대기압 화약 엔진, 원추형 압연을 위한 기계장치.

그러나 애석하게도 레오나르도가 설계한 대부분의 기계들은 실제로 제작되지 못했다. 왜냐하면 그것들은 당시의 기술적 수준으로 제작이 힘들거나 경제적인 효용성이 입증되지 않았기 때문이다.

레오나르도 다빈치의 설계를 바탕으로 복원한 로봇의 모형과 내부구조
Diego Sideburns / Wikimedia Commons / CC BY-SA 4.0

레오나르도의 많은 설계는 그가 세상을 떠난 뒤에야 실현되었다. 레오나르도는 자신의 기록을 널리 알리지 않았고, 그것의 일부만이 그가 죽은 지 200년이 지난 후에야 발굴되었다. 또한 레오나르도는 공식적인 기술자사회에 소속되지 않았기 때문에 그의 업적에 깊은 관심을 기울이는 사람도 별로 없었다. 만약 레오나르도가 자신의 업적을 체계적으로 남겼거나 제자를 양성했더라면 기술의 역사는 어떻게 되었을까? 기술의 발전에서 커뮤니케이션의 중요성이 생각나는 대목이다.

다른 각도에서 보면, 레오나르도는 다양한 기술에 대해 상상하는 것을 즐겼으며, 그에게는 설계나 발명이 일종의 놀이였다고 평가할 수도 있다. 기술에 대한 인간상으로는 도구를 만드는 사람을 뜻하는 호모 파베르(Homo faber)가 자주 거론되지만, 이에 못지않게 놀이하는 사람을 의미하는 호모 루덴스(Homo ludens)에 주목해야 한다는 견해도 있다. 발명이 필요의 자식이 아니라 욕망의 산물인 셈이다. 사실상 르네상스 시기의 사람들은 다양한 상상력을 동원하여 기술의 세계를 매우 풍성하게 만들었다. 예를 들어, 1588년에 출간되어 상당한 인기를 누렸던 라멜리(Agostino Ramelli)의 『다양하고 창의적인 기계들』에는 110개의 펌프, 20개의 제분기, 10개의 기중기 등이 실려 있었다. 이러한 기술들은 실현의 여부와는 무관하게 인류의 풍부한 탐구정신을 보여주는 증거에 해당한다.

## 모나리자의 정체를 찾아서

1499년 프랑스 군이 밀라노를 침범하여 위험한 지경에 이르자 레오나르도는 밀라노를 피해 달아났다. 밀라노 궁정의 몰락과 함께 레오나르도의 생활도 뚜렷한 목적 없이 떠돌아다녔다. 그는 여러 곳을 방황하다가 1500년에 당시 피렌체를 장악하고 있던 폭군인 보르자(Cesare Borgia)의 지도 제작자로 고용되었다. 보르자는 이탈리아 전체를 장악할 야심을 가지고 있었기 때문에 그에게는 이탈리아 각 지방의 지도가 필요했던 것이다. 레오나르도는 토스카나와 움브리아의 지도를 만들었으며 몇몇 전쟁에 직접 참전하기도 했다.

1503년 10월에 레오나르도는 피렌체 정부 청사에 해당하는 시뇨리아 궁전(현재 베키오 궁전)의 회의실에 복잡한 전투 장면이 담긴 벽화를 그려달라는 제안을 받았다. 흥미롭게도 1504년 초에는 미켈란젤로가 같은 회의실의 다른 벽에 대형 벽화를 그리게 되었다. 당시 51세였던 레오나르도와 28세였던 미켈란젤로 사이에 세기의 대결이 펼쳐진 셈이었다. 레오나르도는 〈앙기아르 전투〉를, 미켈란젤로는 〈카시나 전투〉를 그렸지만, 결국 두 작품은 모두 완성되지 못하고 말았다.

1503~1506년에 레오나르도는 〈모나리자(Mona Lisa)〉를 그렸다. '모나'는 이탈리아어로 유부녀에 대한 경칭이고, '리자'는 초상화의 모델이 된 인물의 이름이다. 우리말로 하면 '리자 여사'가 되는 셈이다. 레오나르도는 세상을 떠날 때까지 〈모나리자〉를 가지고 다녔다고 한다.

〈모나리자〉는 보통 사람을 화폭의 중심에 놓으면서 인간의 표정을 생동감 있게 표현한 작품으로 평가되고 있다. 또한 스푸마토(sfumato) 기법을 사용하여 엷은 안개가 덮인 것과 같은 효과를 내고 있으며, 황금비율(1: 1.618)을 많이 넣어 매우 균형 잡힌 느낌을 주고

레오나르도의 대표작으로 평가받고 있는 <모나리자>

있다. 레오나르도 이후에 수많은 짝퉁 모나리자가 만들어졌지만, 복제품에는 진품만이 가지고 있는 아우라가 없다는 것이 일반적인 평가이다. 2021년에 프랑스 파리의 크리스티 경매에서 모나리자의 복제품이 290만 유로(약 39억 원)에 팔렸다고 하니 모나리자 진품의 가치는 우리의 상상을 초월할 것이다.

모나리자에 표현된 인물이 누구인가에 대해서는 다양한 의견이 존재한다. 피렌체의 부유한 상인 프란체스코 델 조콘도의 부인이라는 설도 있고, 로렌초 데 메디치의 아들인 줄리아노의 정부(情婦)라는 설도 있으며, 레오나르도의 후원자인 프랑카빌라 공작부인이라는 설도 있다. 그밖에 유명한 정신분석학자인 프로이트(Sigmund Freud)의 흥미로운 해석에 의하면, 레오나르도의 그림에 나타나 있는 미소 짓는 여성은 그의 어머니에 대한 기억을 바탕으로 한 것이었다. 더욱 대담한 해석은 레오나르도의 자화상과 모나리자가 가진 유사성에 초점을 맞추고 있다. 그림 속 인물이 바로 레오나르도 자신이라는 극단적인 주장이다. 레오나르도가 후세 사람들에게 골려주려고 모나리자를 만들었을 것이라는 상상은 매우 재밌는 발상이다. 모나리자의 정체를 둘러싸고 의견이 분분한 상황을 그가 알게 된다면 몹시 즐거워할지도 모를 일이다.

## 내가 진실로 이룩한 것은 무엇인가?

피렌체에서 6년 동안 머문 후 레오나르도는 또다시 유랑생활

<아테네 학당>에는 54명의 고대 학자들이 등장하고 있는데, 가운데 두 사람이 플라톤과 아리스토텔레스이다.

을 시작했다. 그는 1506년에 밀라노에 가서 스포르차를 패배시킨 프랑스군에 봉사했던 용병대장 트리불치오(Trivulzio)의 기념비를 제작했다. 1513년에는 피렌체에 잠시 머물렀다가 교황 레오 10세가 된 조반니 데 메디치(Giovanni de' Medici)의 초청으로 로마에 가서 그림을 그렸다. 당시 로마에는 미켈란젤로와 라파엘로를 비롯한 위대한 미술가들이 모여 선의의 경쟁을 벌이고 있었다. 라파엘로는 1511년에 〈아테네 학당(The School of Athens)〉을 완성했는데, 그것은 바티칸궁(현재 바티칸미술관) 내부에 그려진 벽화로 밑면의 길이가 8m에 이르는 대작이다. 〈아테네 학당〉에 등장하는 인물 중에 플라톤의 모델은 레오나르도 다빈치, 헤라클레이토스의 모델은 미켈란젤로였다는 이야기도 전해진다.

1516년에 레오나르도는 불안정한 생활을 끝낼 수 있는 제안을 받았다. 프랑스의 왕인 프랑수아(François) 1세가 궁정예술가 겸 기술고문으로 초청했던 것이다. 프랑수아 1세는 앙부아즈 근처의

클로뤼세에 저택을 마련해 주는 등 레오나르도를 극진히 대접했다. 레오나르도는 프랑스에서 안정적인 환경에서 살았지만, 그의 마음은 평안하지 않았다. 당시 레오나르도의 노트에는 폭풍, 홍수 등 파멸을 상징하는 그림들과 "내가 진실로 이룩한 것은 무엇인가?"라는 글귀가 적혀 있었다고 한다. 레오나르도에게 자신의 인생은 화려하면서도 쓸쓸하고 가득 찬 것 같으면서도 텅 비어있는 것이었는지도 모른다.

그렇다면 레오나르도의 인생은 실패했는가? 자신은 그렇다고 생각할 수도 있겠지만, 당대나 후대의 사람들에게는 레오나르도가 만능인(Homo universalis) 혹은 영웅으로 비쳤다. 예를 들어 바사리는 레오나르도에 대해 다음과 같이 극찬했다. "우리는 이따금 자연이 하늘의 기운을 퍼붓듯, 한 사람에게 엄청난 재능이 내리는 것을 본다. … 그런 사람은 하는 일조차 신성해서 뭇사람들이 감히 고개를 들 수 없으니 오직 홀로 밝게 드러난다. 또 그가 내는 것들은 신이 손을 내밀어 지은 것과 같아서 도저히 인간의 손으로 만들었다고 보기 어렵다. 레오나르도 다빈치가 바로 그런 사람이다."

1519년 4월 23일, 레오나르도는 유언장을 작성했다. 오랜 제자인 프란체스코 멜치(Francesco Melzi)를 유산상속인으로 하고 살라이와 하인에게는 포도밭의 절반을 주겠다는 것이었다. 유언 중에는 프랑수아 1세에게 〈모나리자〉를 증여한다는 내용도 있었다. 덕분에 〈모나리자〉는 프랑스에 남겨졌고, 지금은 루브르 박물관의 보물로 자리 잡고 있다. 레오나르도는 1519년 5월 2일에 67세의 일기로 세상을 떠났다. 마지막으로 레오나르도는 다음과 같은 말을 남겼다.

레오나르도 다빈치의 임종을 표현한 작품(1818년)

"인간은 자기 자신을 지배하는 힘보다 더 큰 지배력도 더 작은 지배력도 가질 수 없는 존재이다."

레오나르도는 자신이 관찰하고 사색한 결과를 13,000쪽에 이르는 노트로 남겼다. 이를 정리하고 보존하는 일은 멜치가 맡았다. 레오나르도의 노트는 절반 이상이 사라졌으며 오늘날에는 6,000쪽 정도가 남아있다. 일부는 낱장을 묶어 책의 형태로 만든 코덱스로 편찬되었으며, 또 다른 일부는 전지(全紙)를 접어 4페이지로 만든 폴리오의 형태로 존재한다. 1994년에 마이크로소프트의 빌 게이츠 회장은 '코덱스 레스터(Codex Leicester)'로 알려진 레오나르도의 노트를 구매했다. 그 소식이 세상에 알려지자 사람들은 "오늘날의 천재가 과거의 천재에게 보내는 헌사"라며 게이츠를 치켜세웠다. 그가 72쪽짜리 얇은 노트 한 권을 구입하기 위해 지불한 돈은 3천만 달러였다.

벤저민 프랭클린, 알베르트 아인슈타인, 스티브 잡스 등에 관한 전기를 집필했던 월터 아이작슨(Walter Isaacson)은 2017년에 발간

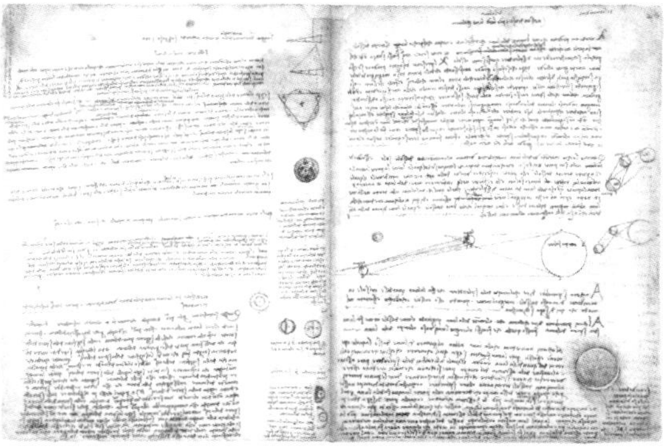

레오나르도 다빈치의
코텍스 레스터

한『레오나르도 다빈치』에서 다음과 같이 섰다. "우리는 레오나르도에게서 배울 점이 많다. 예술, 과학, 기술, 상상력을 결합하는 그의 능력은 예나 지금이나 뛰어난 창의성을 위한 공식으로 알려져 있다. … 그는 사생아, 동성애자, 채식주의자, 왼손잡이였고 쉽게 산만해졌으며 때때로 이단적이었다. 15세기 피렌체가 번영을 누릴 수 있었던 건 이런 사람들을 기꺼이 포용했기 때문이다. 그리고 무엇보다 우리는 레오나르도의 끈질긴 호기심과 실험 정신을 거울삼아 우리 자신과 우리 아이들에게 기존 지식을 수용하는 것을 넘어 거기에 의문을 제기하는 자세가 얼마나 중요한지 상기시켜야 한다."

서두에서 언급했듯이, 르네상스 시기에는 과학, 기술, 예술이 명확하게 분리되지 않았고 서로 중첩되어 있었다. 르네상스인의 전형으로 평가되는 레오나르도는 물리, 생물, 건축, 기계, 조각, 회화 등의 다양한 분야를 섭렵했다. 레오나르도가 여러 분야를 연결 혹은 결합하는 데 중요한 개념이 되었던 것은 '구조'와 '설계'라고 할 수 있다. 자연물이나 인공물은 구조를 통해 그 목적을 표현하며, 그것을 이해하고 활용하기 위해서는 자세한 설계가 필요한 셈이다. 이러한 통합적 전망은 오늘날에도 절실히 요구되고 있다.

# 2장

# 르네 데카르트
## René Descartes

기계적 철학으로 접근한 자연 세계

르네 데카르트(René Descartes, 1596~1650)는 학문의 역사에 큰 획을 그은 인물이다. "근대 유럽 철학은 데카르트에 대한 각주다"는 말이 있을 정도이다. 그는 2천 년 동안 유럽 사회를 지배해 온 아리스토텔레스주의를 대체할 수 있는 학문적 체계인 '기계적 철학(mechanical philosophy)'을 만들었다. 기계적 철학은 세상의 모든 현상을 물질(matter)과 운동(motion)으로 설명하려는 거대한 기획이었다. 그러나 데카르트의 기계적 철학이 완벽한 것은 아니었고, 이후의 학자들에 의해 지속적으로 보완되었다. 예를 들어, 보일(Robert Boyle)은 기계적 철학을 실험과 연결시키는 일을 담당했으며, 뉴턴(Isaac Newton)은 물질과 운동에 '힘'을 추가하여 고전역학의 새로운 세계를 열었다.

근대 철학과 과학의 기반을 마련한 르네 데카르트

## “아침 늦게까지 침대에 누워 있어도 좋다”

데카르트는 1596년에 프랑스 투렌 지방의 라에에서 귀족 집안의 자제로 태어났다. 라에는 1996년에 데카르트 탄생 400주년을 기념하여 도시 이름을 데카르트로 바꿨다. 데카르트는 태어난 지 얼마 되지 않아 어머니를 잃었고 외할머니의 따뜻한 보살핌을 받으며 자랐다. 아버지는 재혼했음에도 불구하고 아들을 주의 깊게 보살피곤 했다. 그러나 데카르트는 평생 아버지와 그리 좋은 사이를 유지하지 못했다.

데카르트는 10살이 된 1606년에 라플레슈에 있는 예수회 학교에 입학했다. 그 학교는 예수회가 풍기는 근엄한 이미지와는 달리 상당히 자유로운 분위기를 가지고 있었다. 학생 체벌을 최대한 금지했으며 적당한 오락이나 체육을 장려했던 것이다. 특히 그 학교의 교장은 몸이 허약한 데카르트에게 “아침 늦게까지 침대에 누워 있어도 좋다”고 허락했다. 그 이후에 데카르트는 생각하고 싶을 때는 아침을 침대에서 보내는 습관을 가지게 되었다. 데카르트는 예수회 학교에서 당시의 학문적 언어였던 라틴어와 그리스어를 배웠고, 아리스토텔레스의 논리학, 에우클레이데스의 기하학, 키케로의 수사학 등 다양한 분야를 섭렵했다. 데카르트는 크게 노력하지 않고도 1등을 도맡아 했으며, 특히 수학에 뛰어난 재능을 보였다고 한다.

데카르트는 18살 때 “세상이라는 거대한 책”을 읽겠다는 결심을 하고 유럽의 이곳저곳을 돌아다니기 시작했다. 그는 『방법서설』에서 당시의 상황에 대해 다음과 같이 썼다. “나는 스승들의 감독을 벗어날 수 있는 나이에 이르자 곧 학교 공부를 전적으로 포기하고 말았다. 그래서 오직 나 자신이나 세상이라는 거대한 책 속에서 발견할 수 있는 학식 이외에는 어떠한 학식도 탐구하지 않겠다고 결심했다. 내 젊음의 남은 시기를 송두리째 바쳐 여행하며 여러 궁정과 군대를 견문하고 서로 기질과 환경이 다른 인사들과 자주 상종하며 잡다한 경험을 쌓았다. 운명이 허락한 사건들 속에서 나 자신을 시험해 보기도 했으며 내가 만난 것들에 대해 숙고함으로써 무엇인가를 얻고자 했다."

데카르트는 한동안 유흥과 도박에 탐닉하기도 했지만, 그런 생활은 오래 가지 않았다. 그는 2년 동안 교외의 한적한 곳에서 하숙을 하면서 수학 연구에 몰두했고, 1616년에는 푸아티에 대학에 진학하여 법학을 전공으로 하면서 의학에 대한 지식을 쌓기도 했다. 유흥을 함께 했던 친구들이 다시 찾아오자 데카르트는 군대로 피신하기로 마음을 먹었다.

데카르트는 1618년에 네덜란드로 가서 오라녜 공(Prince of Orange)의 군대에 입대했는데, 전쟁이 없었던 덕분에 군사와 건축에 대한 지식도 쌓을 수 있었다. 또한 네덜란드의 의학자이자 수학자인 베크만(Isaac Beeckman)과 교류하면서 자연현상을 수학적으로 서술할 수 있다는 신념을 갖게 되었다. 데카르트는 1618년에 자신의 첫 번째 저서인 『음악개론(Musicae Compendium)』을 집필하여 베크만에게 헌정하기도 했다. 데카르트는 네덜란드에서 15개월 동안 머문 뒤 독일의 바이에른으로 가서 막시밀리안(Maximilian) 1세의 로마 가톨릭 군대에 들어갔다.

1619년 11월 10일에 데카르트는 세 가지의 생생한 꿈을 꾸었는데, 그에 의하면 "이 꿈이 자신의 진로를 바꾸어 놓았다"고 한다. 첫 번째 꿈에서 데카르트는 거리를 걸어가던 중이었는데, 유령이 나타나고 바람이 세차게 불어 목적지인 성당에 갈 수 없었다. 그는 괴로워하며 눈을 떴지만 곧 다시 잠에 빠져 들었다. 두 번째 꿈에서는 그냥 천둥소리만 계속 들렸다. 너무 시끄러워 다시 잠에서 깨어났는데, 눈을 뜨자 방 안에 불꽃이 번쩍이는 것 같은 느낌이 들었다. 겨우 안정을 찾아 다시 잠자리에 든 그는 세 번째 꿈을 꾸었다. 이번 꿈은 무섭지 않고 편안했다. 꿈속에서 데카르트는 책상 위에 사전과 시집이 있는 것을 보고 책장을 넘겼다. "나는 어떤 인생길을 걸어가야 할까?"라는 물음이 들어 있는 시를 읽었고, '존재와 비존재'라는 글귀로 시작하는 텍스트를 읊조리는 사람을 보았다. 데카르트는 마지막으로 눈을 뜨기에 앞서 꿈의 의미를 새겨보았다. 첫 번째 꿈은 자신이 과거에 저질렀던 오류에 대한 경고이고, 두 번째 꿈은 진리의 정신이 다가온다는 의미이며, 마지막 꿈은 참된 지식으로 가는 길을 여는 것이라고 생각했다.

## 네덜란드에서 보낸 전성기

데카르트는 1621년에 군대 생활을 접고 유럽 각지를 돌아다니다가 1622년에 프랑스로 돌아왔다. 그는 1623년에 고향 라에에서 자신의 재산을 모두 팔아 연금 형태로 받을 수 있게 하여 이후의 생계 문제를 해결했다.

데카르트가 프랑스에서 자주 교류한 인물은 메르센느(Marin Marsenne) 신부였다. 메르센느는 부지런한 편지 쓰기를 통해 유럽 지식인들 사이에서 소식통 역할을 했던 사람으로 유명하다. 이탈리아의 갈릴레오가 태양의 흑점을 관측한 소식을 메르센느에게 알리면, 메르센느는 그 소식을 독일의 케플러에게 전해 준다. 갈릴레오의 관측에 의문이 생기면 케플러는 메르센느를 통해 다시 갈릴레오에게 질문을 던진다. 그러면 메르센느는 그 소식을 다시 다른 사람들에게 편지로 알려준다. 이런 식으로 메르센느는 한 개인이 학술지나 과학 단체의 역할을 맡았던 것이다. 데카르트가 자신의 이름을 유럽 지식인 사회에 널리 알릴 수 있었던 것도 메르센느 덕분이었다.

1628년 말에 데카르트는 다시 프랑스를 떠나 네덜란드로 이주하여 여러 지역을 전전하며 살았다. 당시 네덜란드는 다른 곳에 비해 종교적, 사상적 자유가 폭넓게 보장되고 있었다. 데카르트는 거주지를 철저한 비밀에 붙인 채 1649년까지 네덜란드에 머물렀고, 프랑스는 서너 차례밖에 방문하지 않았다. 그는 암스테르담에서 하녀 헬레네 얀스(Helene Jans)와 관계하여 1635년에 딸을 낳았지만, 딸은 5살 때 세상을 떠나고 말았다.

데카르트는 네덜란드에서 20여 년을 지내면서 활발한 저술 활동을 벌였다. 당시에 그가 집필한 책으로는 『세계』(1633년), 『방법서설』(1637년), 『성찰』(1641년), 『철학의 원리』(1644년), 『정념론』(1649년) 등을 들 수 있다. 그중에서 『방법서설』은 『자신의 이성을 올바르게 인도하고 모든 학문의 진리를 탐구하기 위한 방법서설 및 이

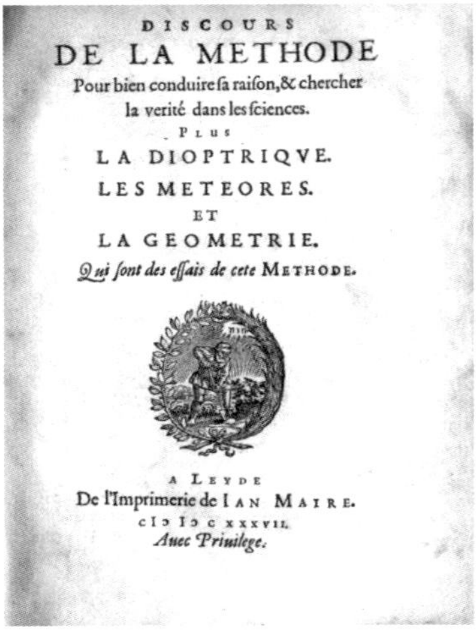
DISCOURS
DE LA METHODE
Pour bien conduire ſa raiſon, & chercher
la verité dans les ſciences.
PLUS
LA DIOPTRIQVE.
LES METEORES.
ET
LA GEOMETRIE.
*Qui ſont des eſſais de cete* METHODE.

A LEYDE
De l'Imprimerie de IAN MAIRE.
CIↃ IↃ C XXXVII.
*Auec Priuilege.*

데카르트의 대표작인 『방법서설』은 『굴절광학』, 『기상학』, 『기하학』 등도 포함하고 있다.

방법의 시론인 굴절광학, 기상학, 그리고 기하학』을 줄인 것이다. 이후에 그 책은 『방법서설』, 『굴절광학』, 『기상학』, 『기하학』 등으로 분리되어 발간되기도 했다.

데카르트가 네덜란드에서 머물렀던 마을에는 프리드리히 5세의 장녀인 엘리자베스(Elizabeth)가 망명해 있었다. 그녀는 데카르트에게 청하여 수학과 철학을 배웠다. 엘리자베스는 매우 사려 깊고 영특한 사람이었다. 데카르트가 "나의 논문을 모조리, 그리고 완전하게 이해한 사람은 엘리자베스 단 한 사람뿐이다"고 말할 정도였다. 엘리자베스는 네덜란드를 떠난 후에도 데카르트와 편지를 교환했으며, 데카르트가 죽은 뒤 그의 저서를 출판하는 데도 힘을 보탰다.

데카르트는 1649년에 스웨덴으로 가서 크리스티나(Alexandra Christina) 여왕에게 철학을 가르쳤다. 이제 막 23세가 된 여왕은 엄청난 학문적 열정을 가지고 있었다. 여왕은 데카르트의 학문 세계에 접한 뒤 무한한 존경심을 느껴 그를 자신의 스승으로 맞이하기로 결심했다. 본래부터 추위에 약했던 데카르트는 북구의 동토로 가는 것이 내키지 않아 여왕의 제의를 정중히 거절했다. 그러나 수개월에 걸친 여왕의 열렬한 구애 작전은 유럽 최고의 지식인을 감동 시키기에 충분했다. 그녀는 데카르트를 데려오기 위해 군함까지 딸려 보냈다고 한다.

결과적으로 보면, 데카르트가 스웨덴으로 간 것은 비극이라고 할 수 있다. 매우 부지런한 크리스티나 여왕은 데카르트에게 새벽 5시에 철학 강의를 해 달라고 부탁했다. 아침 일찍 일어나는 일이 고역이었지만 여왕의 부탁을 거절하기는 힘들었다. 1650년 어느

크리스티나 여왕과 토론하고 있는 데카르트

날, 데카르트는 새벽의 끔찍한 추위 속에서 감기에 걸렸는데, 그것이 폐렴으로 악화되어 결국 스웨덴에서 눈을 감고 말았다.

데카르트가 독살을 당했다는 설도 있다. 스톡홀름에서 활동하던 프랑스 가톨릭 선교사인 자크 비오구 신부가 영성체 빵에 독극물을 발라 데카르트에게 주었다는 것이다. 비오구는 신교 국가인 스웨덴이 가톨릭 국가로 바뀌기를 바라고 있었고, 데카르트의 '불온한' 사상이 스웨덴 여왕에게 전파되는 것을 크게 우려했다. 1663년에 교황청은 데카르트의 저서를 금서 목록에 올렸다.

데카르트의 유해는 1666년에 고국인 프랑스로 옮겨져 파리의 생제르맹데프레성당에 안치되었다. 1792년에는 데카르트의 유해를 팡테옹으로 이장하기 위해 묘지를 발굴했는데, 시신에는 두개골이 없는 것으로 나타났다. 두개골은 시신을 수습한 스웨덴 근위대장이 따로 보관해오다가 19세기 말에 경매에 붙여지면서 처음 세상에 알려졌다.

## 모든 것을 의심하고 남는 것은?

16~17세기의 유럽 사회는 지식의 위기로 홍역을 치르고 있었다. 14~15세기의 르네상스를 통해 그동안 알려지지 않았던 고대의 고전들이 라틴어로 대거 번역되었는데, 그것은 한편으로는 지적인 풍요를 가져왔지만, 다른 한편으로는 혼란을 유발했다. 고대의 지식인들이 하는 이야기가 너무 달라서 도대체 무엇을 믿어야 할지,

무엇이 옳은 것인지 판단하기가 어려웠던 것이다. 당시의 상황을 더욱 곤란하게 만든 것은 고대의 극단적 회의주의인 피론주의(Pyrrhonism)였다. 피론주의에 따르면, 참다운 지식은 있을 수도 없고 있다고 하더라도 그 기준이 없다. 왜냐하면 사람의 감각은 믿을 수가 없으며, 설사 그것을 믿을 수 있다고 하더라도 그것이 실제 세계의 현상이나 그것의 본질에 대해서 아무 것도 말해 주지 않기 때문이다.

이와 같은 피론주의에 대항하기 위해 데카르트는 '체계적 의심의 방법(method of systematic doubt)'을 사용했다. 그것은 회의주의의 기본적인 입장을 수용하면서도 그 한계를 벗어날 수 있는 새로운 방법이었다. 데카르트는 자신이 피론주의자가 된 것처럼, 권위에 기대는 지식, 감각적 경험에서 나오는 지식, 수학적 추론에 의한 지식 등 모든 지식들을 의심했다. 이렇게 해서 모든 것을 부정한 후에 남게 된 것은 자신이 생각한다는 사실이었다. 물론 그 생각의 내용은 악마의 속임수일 수도 있어 의심이 가능하지만, 생각한다는 사실만은 의심할 수 없었다. 그리고 데카르트는 자신이 생각한다는 바로 그 사실이 자신의 존재를 증명해 주는 것으로 생각했다. 그의 유명한 명제인 "코기토 에르고 숨(cogito, ergo sum)", 즉 "나는 생각한다. 그러므로 나는 존재한다."는 이런 식으로 등장했던 것이다. '코기토'는 오늘날 정기간행물, 학원, 사회단체, 기업 등의 이름에 종종 사용되고 있다.

곧이어 데카르트는 확실한 지식의 근거가 무엇인가를 묻게 되었고, 그 대답으로 그 지식이 지닌 '명증성(évidence)'을 들었다. 그리고 다른 지식도 명증성을 지니면 참된 지식으로 받아들일 수 있다고 생각했으며, 이를 바탕으로 새로운 지식의 체계를 구축했다. 예를 들어, 데카르트는 신의 존재를 다음과 같은 식으로 증명했다. 인간은 불완전한 존재이다. 만약 인간이 완전한 존재라면 어떻게 의심으로 가득 찰 수 있겠는가? 그런데 '불완전'은 '완전'을 전제로 한 개념이다. 그렇다면 완전이라는 개념은 어디에서 왔을까? 인간과 같이 불완전한 존재가 완전이라는 개념을 알고 있는 것을 보면 완전한 무언가가 이 세상에 존재한다. 그 존재가 바로 신이다.

일본의 유명한 컨설턴트인 야마구치 슈(山口周)는 『철학은 어떻게 삶의 무기가 되는가』라는 화제작에서 데카르트가 신의 존재를 증명한 과정을 다음의 8단계로 나누었다. ① 생각하고 있는 나의 존재는 의심할 수 없다. ② 생각하고 있는 내 안의 관념도 의심할 수 없다. ③ 관념에는 '물건', '동물', '인간', '신'의 네 가지가 있다. ④ 이들을 완전성의 관점에서 평가하면 '물건<동물<인간<신'이다. ⑤ 더 불완전한 것은 더 완전한 것의 원인이 될 수 없다. ⑥ ②에서 '신의 관념'의 존재는 의심할 수 없으며, 또한 ⑤에서 '신의 관념'의 원인은 인간이 될 수 없다. ⑦ 따라서 '신의 관념'의 원인은 인간보다 완전한 신뿐이다. ⑧ 그러므로 신의 존재가 증명된다.

이처럼 데카르트는 인간의 사유가 확실한 근거를 신의 존재에서 찾았다. 인식의 출발점은 '생각하는 나'였지만, 존재의 순서에서는 신이 먼저였다. 이런 점에서 데카르트는 '마지막 중세인이자 최초의 근대인'으로 평가되기도 한다. 인식의 측면에서는 인간을 독립적인 주체로 확립했지만, 존재의 질서에서는 신의 우월성을 인정했던 것이다. 그러나 데카르트는 인간을 창조하고 보존시키는 존재로 신을 인정하면서도 어디까지나 이성을 통해 생각할 수 있는 범위 안에서 신을 논하는 것에 머물렀다. 결국 그의 기획은 '신앙의 빛'보다는 '이성의 빛'을 높이고자 하는 데 있었던 셈이다.

## 자연현상에 대한 지식체계를 세우다

데카르트는 외부 세계에 대해서도 똑같은 논리를 적용했다. 그는 외부 세계에서 감각을 일으키는 각종 속성을 하나하나씩 제거했다. 마지막에는 아무런 특성도 없이 오직 공간을 채우고 있는 것만 남게 되었다. 처음에 데카르트는 외부 세계의 본질을 '외연(extension)'으로 부르다가 외부 세계의 모든 공간이 결국은 물질로 이루어져 있음을 근거로 삼아 외연이 바로 물질이라는 결론을 내렸다. 또한 데카르트는 물질 이외에 운동이 실재하는 것도 분명하다고 주장했다. 물질로 이루어진 외부 세계의 상이 망막에 전달되는 이유는 무언가가 움직이고 있기 때문이라는 것이었다. 이런 식으로 해서 외부 세계에서 가장 근본적이고 확실한 실재로서 물질과 운동이 얻어졌다. 물질과 운동은 데카르트의 체계(Cartesian system)에서 가장 근본적인 요소가 되었고 훗날 보일은 데카르트의 체계를 '기계적 철학'으로 불렀다.

데카르트는 외부 세계가 진공이 없고 완전히 꽉 찬 물질 공간, 즉 플레넘(plenum)의 상태라고 생각했다. 플레넘은 세 종류의 물질로 채워져 있다. 첫 번째 물질은 불의 원소로 형태와 크기가 없어 쉽게 변한다. 두 번째 물질인 공기의 원소는 아주 작지만 크기나 모양을 지니고 있다. 세 번째인 흙의 원소는 불이나 공기의 원소보다 크며 모양과 크기가 다양하다. 데카르트는 일체의 다른 감각적 속성 없이 크기, 모양, 배열, 운동만으로 물질을 정의했고, 그로부터 아리스토텔레스가 중요하게 여겼던 차가움, 뜨거움, 습함, 건조함과 같은 경험적 개념들을 도출할 수 있다고 생각했다. 이런 식으로 데카르트는 외연과 물질을 동일시하고 물질의 질적 속성을 제거함으로써 자연현상을 설명하는 데 기하학적 추론을 적극 활용할 수 있었다.

데카르트는 태초에 신이 물질을 창조하면서 그것에 운동을 부여했으며, 신이 만든 세계는 다음과 같은 세 가지 자연의 법칙에 따라 운동한다고 생각했다. 첫째, 모든 물체는 다른 물체와 충돌해서 상태를 변화시키지 않는 한 똑같은 상태로 남아있다. 둘째, 물체가 움직일 때 물체를 구성하는 각각의 부분들은 직선으로 운동하려는 경향이 있다. 셋째, 한 물체가 다른 물체를 밀 때 자신의 운동을 잃지 않는 한 다른 물체에 운동을 줄 수 없다. 또한 자신의 운동이 증가하지 않는 한 다른 물체에서 운동을 빼앗을 수도 없다.

이 중에서 첫째와 둘째 법칙은 관성의 원리에 해당하는 것으로 갈릴레오가 원운동의 관성에 머물렀던 데 비해 데카르트는 관성의 요체를 직선운동으로 파악했다. 데카르트에게 직선운동은 신이 부여한 자연법칙에 따라 일어나는 운동이었고, 이에 따라 원운동은 자연스러운 운동이 아니라 부가적인 설명이 필요한 운동으로 변모했다. 셋째 법칙은 충돌의 과정에서 운동의 양(quantity of motion)이

보존된다는 것으로 데카르트는 운동의 양을 물질의 양(quantity of matter)과 속력(speed)의 곱으로 표현했다. 이처럼 데카르트는 크기와 방향을 가진 '속도(velocity)'가 아닌 크기만 있는 '속력'에 주목했기 때문에 그가 설명한 충돌 현상은 실제적인 현상과 어긋나는 경우가 많았다. 이러한 한계는 네덜란드의 하위헌스(Christiaan Huygens)가 운동의 상대성을 바탕으로 데카르트의 오류를 지적하고, 독일의 라이프니츠(Gottfried Wilhelm von Leibniz)가 충돌을 통해 실제로 보존되는 양은 $mv^2$의 크기를 가진 '살아있는 힘(vis viva)'이라고 주장하면서 돌파되기 시작했다.

데카르트는 자신의 운동법칙을 바탕으로 천체의 운동을 설명했다. 데카르트의 우주는 소용돌이(vortex)에서 시작된다. 각 소용돌이의 바깥쪽에서는 무겁고 빠르게 움직이는 물질들이 커다란 원을 그리며 돌고 있고, 안쪽으로 갈수록 가볍고 느리게 회전하는 물질들

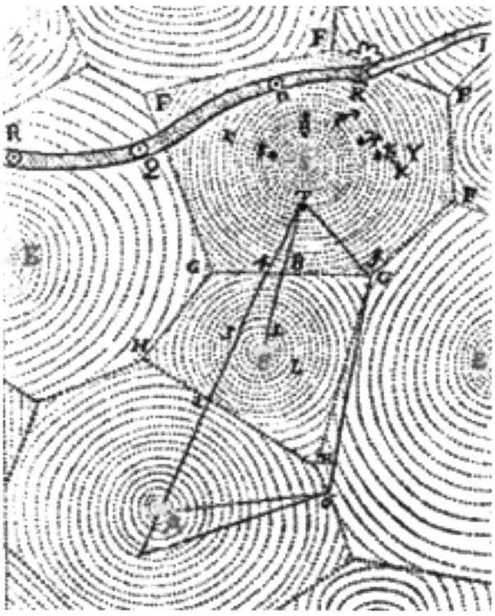

데카르트의 소용돌이 우주론. 각각의 동심원들은 그 하나하나가 태양계를 구성하고, 동심원의 중앙에는 태양(S)이, 태양의 주위에는 행성이 소용돌이를 이루며 돌고 있다.

이 작은 원을 그리며 돌고 있다. 소용돌이 운동이 계속될수록 가벼운 불의 원소는 점점 중앙으로 몰리게 된다. 이렇게 소용돌이의 중앙에 불의 원소들이 모인 것이 태양에 해당한다. 태양을 구성하는 불의 원소들은 완벽한 유체이기 때문에 매우 빠르게 회전하고 그로 인해 발생하는 원심적 압력(centrifugal pressure)이 다른 물질들을 태양 표면의 바깥으로 밀어낸다. 이러한 압력이 공기의 원소를 통해 전달되는 것이 바로 태양에서 나오는 빛이다. 그리고 흙의 원소들이 모여서 여러 개의 행성과 혜성을 구성한다. 공기의 원소들이 태양계의 소용돌이를 만들어 냄으로써 행성의 운동이 발생하는데, 행성이 어떤 위치에 들어서면 행성이 바깥으로 나가려는 원심적 압력과 바깥쪽 소용돌이가 행성을 미는 힘이 같아져서 행성은 안정된 궤도를 유지하며 공전하게 된다. 만약 어떤 행성이 두 개의 태양계가 만나는 지점에서 길을 잃어 다른 태양계로 들어가면 혜성이 된다.

## 광학과 수학에 남긴 업적

데카르트는 빛에 대해서도 자신의 기계적 철학을 적용시켰다. 그는 불의 원소가 빛을 만들고, 공기의 원소는 빛을 전달하며, 흙의 원소는 빛을 반사시킨다고 생각했다. 빛의 직진, 반사, 굴절은 테니스공의 운동에 비유되었다. 테니스공을 라켓으로 치면 공은 관성에 따라 직선운동을 하게 되는데, 데카르트는 빛의 직진이 이와 같다고 설명했다. 그는 테니스공의 운동을 땅바닥에 수평한 성분과 수직한 성분으로 분해하여 빛의 반사를 다루었다. 공이 바닥에 부딪힐 때 바닥에 수평한 운동 성분은 변하지 않으며, 수직한 운동 성분은 크기는 변하지 않지만 방향이 반대로 변한다. 빛도 이와 마찬가지이기 때문에 빛이 벽에 입사한 각도와 반사되는 각도가 동일하게 된다.

빛의 굴절은 천을 통과하는 공에 비유되었다. 천을 통과할 때 천에 수평한 운동 성분은 변화가 없지만 수직한 운동 성분은 크기가 증가하거나 줄어들며, 이로 인해 공의 방향이 휘게 된다. 이와 유사하게 데카르트는 빛이 공기에서 유리로 들어갈 때 경계면에 수평한 운동은 변화를 겪지 않지만, 수직한 운동의 크기가 변하여 빛의 경로가 굴절된다고 보았다. 더 나아가 그는 오늘날 스넬의 법칙(Snell's law)으로 알려진 굴절의 사인법칙을 기하학적으로 증명하기도 했다.

지상의 빛 중에 데카르트의 관심을 끈 것은 무지개였다. 무지개가 태양과 관찰자 사이의 각도를 기준으로 최대 42도 내에서만 만들어진다는 사실은 이전부터 알려져 있었다. 데카르트는 굴절의 법

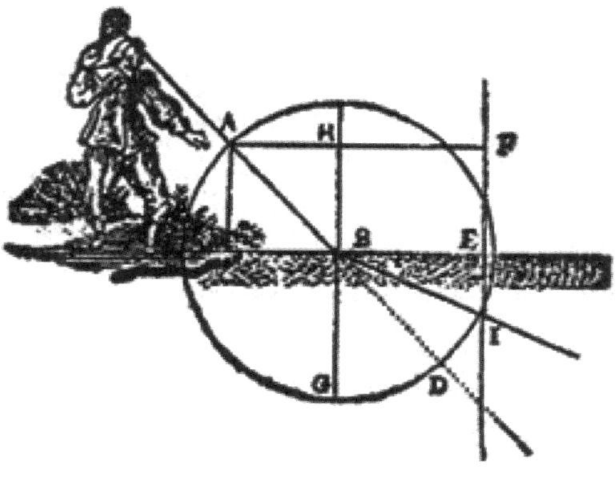


빛의 굴절에 대한 데카르트의 설명을 나타낸 그림

칙과 기하학적 논증을 사용하여 최대 각도가 42도인 이유를 밝혔다. 또한 그는 빛을 전달하는 입자들이 프리즘과 같은 다른 매질 속을 지나면서 회전속도에 차이가 나게 되며, 이로 인해 무지개와 같은 여러 색깔이 나타난다고 주장했다. 회전속도의 차이에 따라 백색인 빛 입자의 성질이 변해서 다른 색의 빛 입자가 되었다는 것이다. 훗날 뉴턴은 백색광 안에는 이미 모든 무지개 색의 빛들이 그대로 들어 있고, 프리즘은 그러한 빛줄기를 분해시키는 일을 담당하는 것이라고 반박했다.

데카르트는 수학에도 많은 업적을 남겼다. 그는 직교좌표계를 처음으로 제안한 사람으로도 유명하다. 이러한 연유에서 직교좌표계는 데카르트 좌표계(Cartesian coordinate system)로 불리기도 한다. 2차원 직교좌표계는 xy평면을 이루는 서로 직교하는 x축(수평방향)과 y축(수직방향)으로 정의되며, x축과 y축이 만나는 점을 원점이라고 부른다. 또한 3차원의 위치를 나타내려면, z축을 하나 더 붙이면

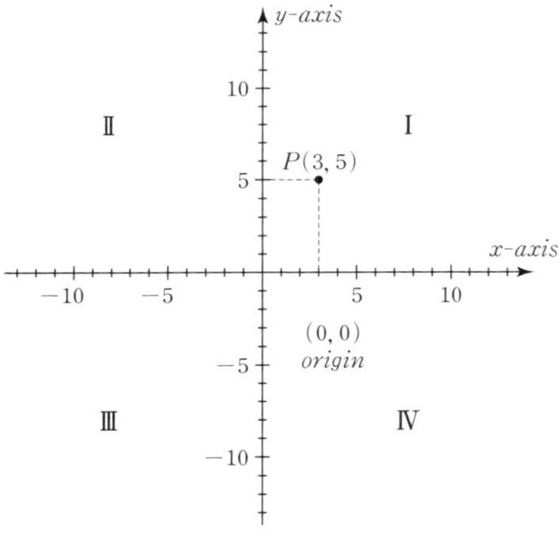


데카르트가 발명한 직교좌표계

된다. 전하는 이야기에 따르면, 데카르트는 파리 한 마리가 방 안에서 윙윙거리며 날아다니는 것을 멍하니 바라보고 있다가 직교좌표계에 대한 아이디어를 떠올렸다고 한다.

x, y, z 등을 미지수로 사용하고 x와 y의 곱을 $xy$로, x의 제곱을 $x^2$으로 표시하여 수학적 논의를 매우 간편하게 한 사람도 데카르트였다. 그는 기하학적 곡선들을 대수적 수식을 통해 다루는 해석기하학을 발전시키는 데도 크게 기여했다. 그동안 대수학과 기하학은 별도로 존재해 왔지만, 데카르트에 의해 수식과 도형이 서로 연결된 하나의 체계로 자리 잡기 시작했던 것이다. 더 나아가 그는 자신이 개발한 해석기하학의 방법을 사용하여 시력 교정용 렌즈의 곡면 형태를 예측한 뒤 실제로 렌즈 깎는 기구를 고안해서 그 예측의 타당성을 증명하기도 했다.

## 심신이원론과 동물기계론

데카르트는 자신의 기계적 철학을 생명체에도 적용했다. 그는 인체를 각종 실, 관, 구멍으로 가득 찬 기계로 파악하고 기계가 작동하는 원리에 따라 인체가 움직이는 것으로 이해했다. 그러나 데카르트는 "오직 인간만이 사고할 수 있는 이성을 가지고 있다"고 말함으로써 인간과 동물의 경계를 명확히 했다. 인간의 경우에는 기계적 철학이 적용되는 영역을 몸에 국한시킴으로써 마음과 육체를 엄격하게 구분한 '심신이원론(mind-body dualism)'을 주창했다. 데카르트에게 인간은 영혼을 가진 고귀한 존재이지만, 육체의 대부분은 동물과 본질적인 차이가 없는 '몸-기계(body-machine)'였던 것이다.

데카르트는 심장을 뜨거운 주전자 같은 것으로 간주했다. 그에 의하면, 심장에서 증발한 피 중에서 가장 활발한 힘을 가진 것이 동맥을 통해 뇌로 상승한다. 그중에서 매우 미세한 피가 뇌의 표피를 뚫고 뇌 속의 빈 공간에 모이게 되는데, 그것이 바로 동물의 영(animal spirit)이다. 동물의 영에서 가장 미세한 부분은 뇌의 중앙부에 있는 송과선(松科腺, pineal gland)에 모인 후 뇌에 연결된 신경의 말단으로 분출된다. 이렇게 분출된 정기는 신경의 미세섬유를 타고 몸의 각 부위로 전달되며, 몸의 근육을 수축 혹은 이완시키는 역할을 담당한다.

데카르트에게 영혼이 없는 동물은 단지 복잡한 기계에 불과했다. 이와 같은 '동물기계론'은 데카르트주의자들에게 공유된 믿음이었다. 몇몇 데카르트주의자들은 동물을 산 채로 해부하고 잔인하

데카르트는 인간의 감각도 기계적 철학으로 설명했다. 아이가 발을 불에 가까이 가져가면 불을 구성하는 물질이 발의 피부에 충돌해서 발부터 머리까지 연결되어 있는 가는 실을 잡아당긴다. 그러면 그 실 끝에 연결된 작은 구멍의 뚜껑이 열리면서 여기를 통해 동물의 영이 빠져나오게 되고, 그것의 작용으로 아이는 불에서 발을 빼게 된다.

게 죽이면서 파티를 즐기기도 했다. "데카르트주의자들은 무감각하게 개를 때렸으며, 개가 고통을 느낀다고 하면서 개를 불쌍하게 바라보는 사람들을 비웃었다. 데카르트주의자들은 동물이 시계에 불과하다고 했으며, 개를 때렸을 때 비명을 내는 것은 충격이 가해진 스프링이 내는 소음에 불과하다고 했다. … 그들은 그 불쌍한 동물들을 판자에 묶고 네 다리에 못을 박고 산 채로 해부해서, 당시 과학적 토론의 중요한 주제였던 피의 순환을 관찰하곤 했다."

## 데카르트의 어깨 위에 서서

데카르트는 평생을 통해 아리스토텔레스주의에 대한 포괄적인 대안을 제시하는 작업에 매달렸다. 앞서 살펴보았듯 데카르트의 자연철학은 아리스토텔레스와 마찬가지로 우주론, 물질이론, 운동론, 생물학 등을 포함한 광범위한 것이었다. 데카르트는 자신의 기계적 철학을 통해 다양한 자연현상을 포괄적이고도 명쾌하게 설명할 수 있는 가능성을 보여주고자 했으며, 자신이 제시한 이론이 자연에서 실제로 일어나는 것을 보여주는 진리라고 강하게 주장하지는 않았다. 사실상 그는 눈에 보이지 않는 미시적인 메커니즘을 제안하는 바람에 실제 세계와 일치하지 않는 설명을 시도하기도 했다. 데카르트의 기획을 정교한 과학의 수준으로 끌어올리는 일은 후배 학자들이 풀어야 할 과제로 남겨졌다.

보일은 기계적 철학이란 용어를 만들고 수많은 실험을 바탕으로 그것의 타당성을 입증하고자 했다. 그는 기계적 철학이 자연세계의 모든 것을 드러내주기 때문에 실험에 의해 검증할 수 있는 기회를 제공해 준다고 생각하였다. 보일의 활동을 매개로 17세기 후반에는 유럽의 많은 과학자들이 기계적 철학을 새로운 과학의 철학적 기초로 수용하게 되었다. 보일과 그의 동시대인들은 '기계적'이란 용어를 '아리스토텔레스적' 혹은 '신비적'이라는 말과 반대되는 것으로 여겼고, 사실상 17세기 후반에는 자연철학, 기계적 철학, 실험철학(experimental philosophy) 등이 거의 동의어처럼 사용되었다.

데카르트와 같은 시대를 살았던 가상디(Pierre Gassendi)의 견해도 주목할 만하다. 가상디는 물질과 운동으로 세상을 설명하는 기계적 철학의 기본 논지를 받아들이면서도 몇몇 문제에 대해서는 데

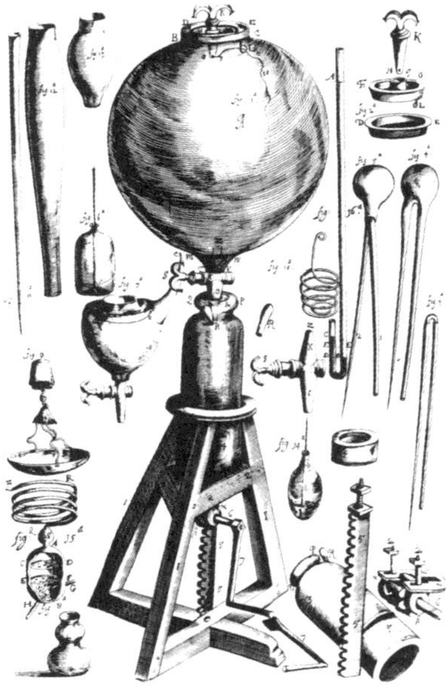

보일의 공기펌프에 관한 개요도

카르트와 의견을 달리했다. 가상디는 고대의 원자론자들을 따라 물질의 궁극적인 단위를 '원자(atom)'로 보았으며, 물질이 전혀 없는 빈 공간인 진공의 존재를 받아들였다. 또한 가상디에게는 외연이 물질이나 원자의 본질이 아니었다. 그는 사물에 대한 확실한 지식은 인간의 능력을 넘어선 것이라고 주장했다. 가상디는 어느 정도의 불확실성을 인간의 조건상 피할 수 없는 요소로 인정했던 것이다.

이와 관련하여 회의주의의 역사를 깊이 있게 연구한 포프킨(Richard H. Popkin)은 16~17세기 지식의 위기에 대응하여 데카르트가 취한 입장은 '신(新)독단론(new dogmatism)'이었고 학자들 사이에서 최종적으로 수용된 것은 '완화된 회의론(mitigated skepticism)'이었다고 주장한 바 있다. 완화된 회의론은 "어떠한 지식의 체계이든지, 그것이 수학적으로 표현되어 있고 무엇을 얻게 해 주는 지식이라면, 훌륭한 지식의 기준을 만족한다."는 것을 골자로 삼고 있었다. 이처럼 절대적으로 확실한 지식을 요구하지 않고 충분히 받아들일 만한 지식을 추구하는 완화된 회의론은 오늘날의 과학에서도 받아 들여지고 있는 입장이라 할 수 있겠다.

데카르트라는 거인의 어깨 위에 서서 16~17세기 과학혁명을 완성한 사람은 뉴턴이었다. 뉴턴은 데카르트의 해석기하학을 뛰어넘어 해석학(미적분학)을 발전시켰고, 빛의 색깔에 대해서도 데카르트와 다른 설명을 내놓았다. 물체의 운동에 대해서는 'F=ma'로 상징되는 새로운 법칙을 정립했으며, 직접적 충돌 이외에 '중력'과 같은 원격 작용(action at a distance)의 존재를 제안했다. 뉴턴은 1687년에 '프린키피아'로 약칭되는 『자연철학의 수학적 원리(Philosophiae Naturalis Principia Mathematica)』를 출간했는데, 그것은 데카르트가 1644년에 발간한 『철학의 원리(Principia Philosophiae)』와 대비되는 것이었다. 모든 철학 대신에 '자연철학'을 표방했고, 궁극적 원리 대신에 '수학적 원리'를 강조했던 셈이다.

데카르트는 남긴 몇몇 명언을 소개하면 다음과 같다. "진정 진리를 추구하려면 최소한 인생에 한 번은 가능한 한 모든 것에 대해서 의심을 품어봐야 한다." "우리가 상상할 수 있는 모든 이상하고 믿기 어려운 것은 이미 철학자가 이야기한 적이 있는 것들이다." "좋은 책을 읽는 것은 지난 몇 세기의 가장 훌륭한 사람들과 이야기를 나누는 것과 같다." "누군가 나를 불쾌하게 할 때마다 나는 그 공격이 미치지 못할 정도로 내 영혼을 높이려고 노력한다."

# 벤저민 프랭클린
## Benjamin Franklin

과학, 발명, 정치의 팔방미인

역사상의 위대한 과학자 중에는 다양한 재능을 가진 사람이 제법 있다. 과학이 전문화된 19세기 이전까지는 그것이 무척 자연스러운 현상이었다고도 할 수 있다. 그러한 과학자들에게는 더욱 인간적인 냄새가 나기 마련이다. 그 대표적인 예로는 미국 과학의 선구자에 해당하는 벤저민 프랭클린(Benjamin Franklin, 1706~1790)을 들 수 있다. 그는 과학과 기술뿐만 아니라 정치와 경제에 이르는 여러 분야에서 괄목할 만한 발자취를 남겼다.

미국에서 통용되는 지폐에는 1달러, 2달러, 5달러, 10달러, 20달러, 50달러, 100달러 지폐가 있다. 여기에는 워싱턴(George Washington, 1달러), 제퍼슨(Thomas Jefferson, 2달러), 링컨(Abraham Lincoln, 5달러), 해밀턴(Alexander Hamilton, 10달러), 잭슨(Andrew Jackson, 20달러), 그랜트(Ulysses Grant, 50달러), 프랭클린(100달러)이 그려져 있다. 프랭클린과 해밀턴을 제외한 모든 인물이 미국의 대통령을 지냈다는 점을 감안한다면, 프랭클린이 미국인으로부터 얼마나 커다란

벤저민 프랭클린이 그려져 있는 미국의 100달러 지폐

존경을 받고 있는지 알 수 있다. 우리나라의 유명한 과학자 이휘소(李輝昭)가 자신의 영문 이름을 벤저민 리(Benjamin Whisoh Lee)로 한 것도 벤저민 프랭클린을 존경했기 때문이라고 한다.

## 토론 클럽을 만든 필라델피아의 인쇄공

프랭클린은 1706년 미국 보스턴에서 양초 제조업자의 13남매 가운데 10번째 아이로 태어났다. 12살이 되었을 때 그는 펜실베이니아주의 필라델피아에서 인쇄공으로 일하고 있던 형의 조수가 되었다. 당시 인쇄업에 종사하는 사람들은 자신들의 직업에 매우 큰 긍지를 가지고 있었다. 인쇄업은 고도의 숙련과 기술을 요하는 첨단 직종이었고 인쇄공들은 노동자들의 실질적인 지도자로 행세했다. 프랭클린은 1788년에 유언을 쓰면서 “나, 필라델피아의 인쇄공 벤저민 프랭클린”이라는 말로 시작한 바 있다.

프랭클린은 18살 때 부유한 사업가의 후원을 받으면서 인쇄소를 운영할 수 있는 기회를 얻었다. 프랭클린은 인쇄소 개업에 필요한 활자를 구입하러 영국 런던으로 갔지만, 후원자의 말과 달리 그의 신용거래처는 없었다. 프랭클린은 곧 인쇄공으로 일자리를 구하여 2년 반 동안 런던에서 살았다. 런던에 체류하는 동안 그는 자유방임적인 경제학 사상에 매료되었다. 만년에 프랭클린은 아담 스미스(Adam Smith)와 친분이 두터웠는데, 스미스가 『국부론』에서 미국에 관해 언급한 것도 프랭클린의 영향으로 풀이되고 있다.

프랭클린은 필라델피아로 돌아온 뒤 경제이론에 대한 토론 클럽을 만들었는데, 그것은 이후에 회원제 도서관과 미국철학회의 기초로 작용했다. 클럽의 회원들은 낡은 규제와 전통을 비판하면서 사회 구성원이 자신의 이익을 추구하는 행위를 찬양했다. 경쟁이 어떠한 형태의 사회적 통제나 계획보다도 우수한 조정 장치라는 것이었다. 한번은 클럽에서 지폐유통량의 증가에 대한 토론이 벌어졌다. 당시의 토지 소유자들은 유통량의 증가에 반대했던 반면 자영업자들은 찬성했는데, 클럽의 토론은 자영업자의 입장을 대변했다. 프랭클린은 〈유통 지폐의 본질과 필요에 관한 소고(小考)〉라는 익명의 팸플릿에서 지폐 증발의 필요성을 주장하면서 모든 가치의 참다운 원천은 노동이라고 역설했다. 카를 마르크스(Karl Marx)는 이 팸플릿이 노동가치론을 최초로 표현한 글이라고 평가한 바 있다.

독서에 열중한 프랭클린을 묘사하고 있는 1767년의 초상화. 책상에 놓인 것은 아이작 뉴턴의 흉상이다.

프랭클린은 자신의 생각을 소박하지만 멋진 문장으로 표현하는 데 남다른 재능을 보였다. 1732년부터 『가난한 리처드의 달력』을 출판하기 시작했는데 거기에는 자신이 수집하거나 손수 작성한 경구가 실려 있었다. "시장이 반찬", "빈 수레가 요란하다", "시간은 돈", "게으름은 쇠붙이의 녹이나 다름없다.", "지갑이 가벼우면 마음이 무겁다", "희망만을 먹고 사는 자는 굶어 죽을 것이다.", "오늘 할 수 있는 일을 내일로 미루지 마라.", "성공의 비결은 남의 험담을 하지 않으며 장점을 드러내는 데 있다", "겨울의 추위가 심할수록 봄의 나뭇잎이 푸르다.", "겸손이 없는 권력은 위험하다" 등은 그 대표적인 예에 속한다.

프랭클린의 말투는 그의 사상과 합치되어 있었다. 형식적인 신앙이나 경직된 독단론에는 관심을 두지 않았으며 특정한 종파가 진리를 독점하는 것을 인정하지 않았다. 그는 이미 완성된 책보다는 살아있는 생각을 담은 팸플릿을 즐겨 읽었다. 영국에 있는 친구 콜린슨(Peter Collinson)에게 "어떠한 제목이라도 읽을 만한 새로운 팸플릿은 나에게 보내 달라"고 부탁할 정도였다.

달력의 출판과 판매로 가게가 번창하자 프랭클린은 다른 일에도 관심을 돌렸다. 그는 왕성한 탐구정신과 숙련된 솜씨를 겸비한 사람이었다. 잦은 독서 중에 불편을 느낀 프랭클린은 복(複)초점 안경을 손수 제작하기도 했으며, 높은 서가에 있는 책을 꺼내본 후 다시 꽂을 수 있는 기계 팔도 만들었다. 프랭클린의 발명품 목록에는 석면으로 만든 지갑과 '펜실베이니아 난로'로 불린 실용적인 난로도 포함되어 있다. 필라델피아 토론 클럽의 주제도 경제이론에서 시작

펜실베이니아 난로의 모습으로 1741년에 프랭클린이 처음 설계했다.

되었지만, 점차적으로 과학과 기술로 확장되었다. 예를 들어 클럽에서는 "어떻게 하면 연기 나는 굴뚝을 가장 좋은 방법으로 고칠 수 있는가"라는 주제가 심각하게 토론되기도 했다.

## 대중오락이 된 전기실험

그러나 이러한 재능도 프랭클린이 전기 분야에서 성취한 업적에 비하면 부차적인 것에 지나지 않는다. 그가 전기에 관심을 갖기 시작했을 때에는 전기에 관한 연구가 막 시작되는 단계에 있었고, 직업적 과학자들은 물론 많은 아마추어들이 전기현상에 관하여 무성한 논의를 펼쳤다.

1729년에 영국의 아마추어 실험가인 그레이(Stephen Gray)는 전기를 잘 전하는 물질과 그렇지 않은 물질, 즉 도체와 부도체를 구별했다. 1733년에 프랑스의 화학자인 뒤페(Charles François du Fay)는 전기에 수지 전기(호박과 같은 수지성 물질을 마찰시켜 만든 전기)와 유리 전기(유리병과 같은 유리성 물질을 마찰시켜 만든 전기)의 두 가지 종류가 있다고 주장했다. 수지 전기와 유리 전기는 서로 끌어당기는 반면, 같은 종류의 전기들은 서로 밀친다는 것이었다.

1745년경에는 전기를 저장할 수 있는 장치인 라이덴병(Leyden jar)이 개발되어 전기현상을 자유롭게 실험할 수 있게 되었다. 네덜란드 라이든 대학의 뮈스헨브루크(Pieter van Musschenbroek)가 기전기(起電機)에서 철사로 전기를 끌어낸 다음 그것을 병 속에 있는 물에 비축했던 것이다. 우리나라의 경우에는 1820년대에 정전기 발생장치가 들어와 있었다. 조선 후기의 실학자인 이규경(李圭景)은 『오주연문장전산고(五洲衍文長箋散稿)』에서 당시 서울의 몇몇 저택에는 뇌법기(雷法器)가 있었으며, 그것을 돌리면 별이 흐르듯 불꽃이 난다고 기록한 바 있다.

18세기 유럽에서는 일반인을 대상으로 전기에 대해 실험하는 것이 유행처럼 번졌다. 비싼 관람료에도 불구하고 많은 사람들이 전기실험을 구경하기 위해 몰려들었다. 당시의 유명한 전기실험으로는 사람이 도체인지 부도체인지를 확인하기 위해 그레이가 공개적으로 수행한 퍼포먼스를 들 수 있다. 그레이는 건강한 젊은이 한 사람을 줄에 매어 공중에 띄워 놓고 전기를 띤 유리 막대를 그 젊은이의 발끝에 대게 한 후 그의 머리에 손을 얹었다. 그랬더니 그레이의 손에는 직접 자신이 유리 막대를 만진 것과 같은 짜릿한 자극이 전해졌다. 한번은 어린이를 공중에 매달아 놓고 그 발바닥에 전기를 대었는데, 그의 손끝에 가까이 놓아둔 금박지 조각이 달라붙었다.

1730년에 그레이가 시연한 '대전된 소년(electrified boy)'. 소년은 47파운드의 명주실에 매달려 있었고, 놋쇠 판에서 전기적으로 유도된 작은 입자들을 끌어당겼다.

영국에 그레이가 있었다면 프랑스에는 놀레(Jean-Antoine Nollet)가 있었다. 제법 유명한 신부였던 놀레는 사람들을 놀라게 하는 전기실험을 열중했다. 가장 인상적인 것은 루이 15세가 지켜보는 가운데 시행된 라이덴병의 효력에 관한 실험이었다. 180명의 호위병이 서로 손을 잡고 빙 둘러섰다. 첫 병사에게는 한 손으로 큼직한 라이덴병의 바깥을 잡게 하고 마지막 병사에게는 그 병의 주둥이에 나와 있는 둥근 꼭지를 만지게 했다. 그 순간 180명의 모든 호위병은 전기 자극으로 깜짝 놀라면서 펄쩍 뛰고 말았다.

## 전기는 단일한 유체로 이루어져 있다.

프랭클린은 『자서전』에서 1744년에 보스턴에서 소년을 매달아 놓은 전기실험을 처음 보았다고 말했다. 2년 뒤에 프랭클린은 콜린슨으로부터 전기실험에 대한 설명서와 함께 유리관을 건네받았고, 프랭클린은 그 유리관으로 실험을 시작했다. "나는 이 기회를 이용하여 일찍이 보스턴에서 본 실험을 되풀이해 보았다. 실험에 익숙해지면서 나는 영국에서 온 설명서에 있는 실험도 아주 쉽게 할 수 있었고, 몇 가지 새로운 실험도 시도해 볼 수 있었다. 나의 집은 한참 동안 새로운 기적을 보러 오는 사람들로 가득 찼다."

1747년에는 프랭클린의 전기에 관한 연구가 상당한 성과를 보이기 시작했다. 그는 끝이 뾰쪽한 도체가 "전기 불꽃을 당기는 데 있어서나 튕기는 데 있어서 각별히 효과적"이라는 점을 알아냈다. 또한 프랭클린은 두 종류의 전기가 존재한다는 통념에 의문을 가졌다. 전류는 한 종류이지만 상태에 따라서 양전기와 음전기 두 상태를 띨 수 있다고 생각했다.

이러한 가설을 확인하기 위해 프랭클린은 새로운 라이덴병을 제작하여 실험에 몰두했다. 그 결과 전기가 마찰로 생기지는 않으며 마찰은 전기의 분포를 달라지게 할 뿐이라는 사실을 밝혀냈다. 그렇다면 수지나 유리와 같은 대전체(帶電體)의 종류에 따라 전기를 두 종류로 나눈다는 것은 잘못된 견해이다. 여기서 프랭클린은 전기의 본질이 무게가 없는 단일한 유체로 이루어져 있으며 그것이 공간의 모든 곳에 고르게 퍼져 있다는 '단일유체이론(one-fluid theory)'을 제창했다. 물체 속에 있는 유체의 농도와 바깥에 있는 농도가 같으면 전기적으로 중성이고, 물체 속의 유체가 많으면 그 물체는 양전기를 띠며, 그 반대의 경우에는 물체가 음전기를 띤다는 것이었다. 프랭클린은 유리 전기는 전류가 넘치는 상태이고 수지 전기는 전류가 모자라는 상태라고 해석했다. 이러한 연구 결과는 콜린슨을 통해 1748년에 영국의 왕립학회에 전해졌고 그 학회의 학술지인 ≪철학회보(Philosophical Transactions)≫에 상세히 인용되었다.

그러나 프랭클린의 이론에도 문제점이 있었다. 전하가 물체 속에 고르게 퍼져 있다고 가정하고 있었던 것이다. 이미 영국의 그레이는 1729년에 떡갈나무로 속이 비어 있는 공과 속이 꽉 찬 공을 같은 크기로 만든 후 실험을 통해 두 경우의 전기 효과가 동일하며 전하는 표면에만 집중된다는 것을 밝혔다. 프리스틀리(Joseph Priestley)도 1767년에 같은 실험을 수행하여 속이 빈 물체의 구멍 안에 있는 전하에 대해서는 밖의 전기가 아무런 힘도 미치지 못한다는 점을 보였다. 그는 "구각의 형태를 한 물체는 그 속의 물체에 대하여 아무런 인력도 작용시키지 않는다."는 뉴턴의 구각정리(껍질정리)를 바탕으로 중력과 마찬가지로 전기력도 역제곱 법칙에 따른다는 것을 확신하기도 했다.

또한 1750년에 미첼(John Michell)은 자침을 실로 달아맨 뒤 그것에 자석을 가까이하고 그 실의 뒤틀림을 측정하여 자극 사이의 반발력이 역제곱 법칙에 따른다는 것을 밝혔다. 이러한 업적들을 바탕으로 프랑스의 과학자 쿨롱(Charles Augustin de Coulomb)은 1785~1789년에 일련의 실험을 수행하여 전기를 띤 물체 사이의 인력과 반발력이 거리의 제곱에 반비례한다는 점을 정식화했다.

## 보초막 실험의 구상

다양한 전기실험을 하면서 프랭클린은 구름의 방전(放電)과 번갯불이 동일한 속성을 가진다고 생각했다. 그는 1749년에 자신의 생각을 정리하여 콜린슨에게 편지로 알렸다. 콜린슨은 프랭클린의 가설이 새로운 것이라고 자평했지만 사실은 다른 과학자들도 이미 프랭클린과 비슷한 견해를 가지고 있었다. 그러나 프랭클린은 다른 과학자들과는 달리 자신의 가설을 실험해 볼 것을 제안했으며 이에 대한 구체적인 계획을 가지고 있었다. 그것은 '보초막 실험(sentry box experiment)' 혹은 '필라델피아의 실험'으로 불렸다.

"번갯불을 안고 있는 구름이 방전하고 있는가 아닌가의 문제를 확정하기 위하여 나는 편리한 장소에서 실험을 해 보아야 한다고 제안하는 바이다. 높은 탑의 꼭대기에 사람 한 명과 전기스탠드를 넣을 만한 크기의 보초막을 세워 놓는다. 이 스탠드의 중앙에 철봉을 하나 세우고 그것을 문밖으로 내보낸 후 20내지 30피트 높이로 세우고 끝을 뾰쪽하게 만든다. 번개구름이 낮게 통과할 때 철봉이 구름으로부터 전기를 사람으로 당기기 때문에 스탠드 위에 서 있는 사람은 대전되어 불꽃을 튕기게 될 것이다."

영국의 왕립학회는 프랭클린의 명석한 문체와 참신한 주제에 찬사를 보냈다. 콜린슨은 프랭클린의 전기 연구에 대한 업적과 편지를 묶어 1751년에 『전기에 관한 실험과 관찰 기록』을 출판했다. 그 책자는 프랑스의 유명한 과학자 뷔퐁(Georges-Louis Leclerc de Buffon)의 주목을 받았고, 뷔퐁은 달리바르(Jean-François Dalibard)라는 전기

실험가에게 프랑스어로 번역하는 작업을 맡겼다.

급기야 프랑스 궁중은 프랭클린의 계획을 즉각적으로 실행해 볼 것을 희망했다. 1752년 5월 10일 달리바르는 프랭클린이 제안한 보초막 실험을 성공적으로 수행하여 3일 후 의기양양하게 자신의 성공을 과학아카데미에 통보했다. 달리바르의 뒤를 이어 다른 프랑스 과학자들도 비슷한 실험에 성공했으며, 루이 15세는 경의에 찬 감사장을 프랭클린에게 보내라고 명령했다. 영국 왕립학회도 1753년에 프랭클린에게 코플리 메달을 수여했고 1756년에는 프랭클린을 회원으로 추대했다. 이탈리아의 알가로티(Francesco Algarotti)는 "우리 유럽의 전기학자들은 이 미국인에게 고개를 숙여야 한다."고 썼으며, 독일의 철학자 칸트(Immanuel Kant)는 프랭클린을 '현대의 프로메테우스'라고 추켜세웠다.

달리바르의 실험을 묘사한 그림

## 연 날리기 실험의 실행

프랭클린은 보초막 실험을 창안했지만, 정작 자신은 실행에 옮기지 못하고 있었다. 1752년 여름에 그는 크라이스트 교회의 꼭대기에 첨탑을 세워 실험을 할 기회를 애타게 기다리고 있었다. 그러나 첨탑을 건축하는 작업은 매우 느리게 진행되었으며, 프랭클린의 인내심은 한계에 다다랐다. 결국 프랭클린은 금속막대를 공중에 띄우기 위해 연을 사용하기로 마음먹었다. 높은 건물을 사용하는 대신에 연을 날려 구름 속의 전하를 직접 끄집어낸다는 것이었다. 이 실험은 흔히 '연 날리기 실험(kite experiment)'으로 불리며, 1767년에 프리스틀리가 발간한『전기의 역사와 현황』에 자세히 소개된 바 있다.

프랭클린은 가늘고 긴 나무막대 두 개를 십자형으로 만들고 큰 손수건으로 네 귀퉁이를 묶었다. 세로로 된 나무에 그는 긴 철사를 잡아매고 연 꼭대기에서 약 1피트 위로 나오게 했다. 연을 띄우는 데에는 삼베로 된 젖은 끈을 사용하기로 했는데, 삼베 끈은 전기가 잘 통하므로 그는 끈 밑에 명주 리본을 매달고 끈과 리본의 매듭 사이에 쇠로 된 큰 열쇠를 달았다. 부도체인 명주 리본을 손으로 잡고 그것이 비에 젖지 않도록 처마 밑에서 연을 띄워서 쇼크를 받지 않도록 했다. 이런 식으로 연을 띄운 후에 손가락을 열쇠 가까이 가져가면 전기가 흘러내려 왔는지를 관찰할 수 있었다. 실험 준비를 끝낸 프랭클린이 손가락을 열쇠 가까이 가져가자 불꽃이 일어났다. 곧 그는 라이덴병의 마개를 열쇠에 대어 충전시켰다. 이렇게 충전된 병은 보통 방법으로 충전했을 때와 다르지 않았다. 전기와 번개는

1816년경에 그려진 프랭클린의
연 날리기 실험에 대한 삽화

그 본성이 같았던 것이다.

번갯불에 대한 전기실험은 비극적인 사건을 낳기도 했다. 1753년에 러시아의 과학자 리흐만(Georg Wilhelm Richmann)이 페테르부르크에서 번갯불에 대한 실험을 하던 중에 그만 사망하고 말았던 것이다. 그는 실험 장치를 점검하기 위하여 자신의 머리를 실험 장치로부터 1피트 떨어진 곳에 두고 있었다. "갑자기 주먹만 한 크기의 푸른 불덩어리가 실험 장치에서 리흐만의 머리로 떨어졌다. 불꽃과 함께 피스톨을 쏘았을 때와 같은 폭음이 나고 실험 장치가 산산조각이 났으며 문짝이 문틀로부터 떨어져 나갔다. 리흐만은 그 자리에서 즉사했으며 그의 왼발에는 푸른 상처가 남아 있었다." 달리바르와 프랭클린은 운 좋게 피해를 면한 셈이었다.

프랭클린은 피뢰침(lightning rod)을 발명한 사람으로도 유명한데, 미국에서는 피뢰침이 '프랭클린 막대(Franklin rod)'로 불리기도 한

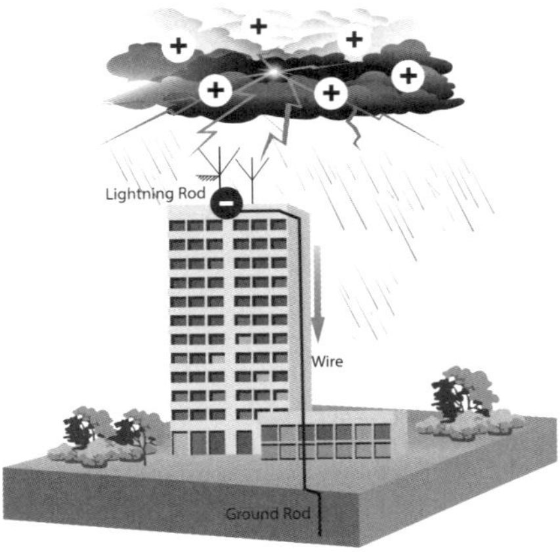

피뢰침의 원리에 관한 개념도

다. 그는 『가난한 리처드의 달력』에 자신의 피뢰침에 대하여 다음과 같이 설명했다. “신은 인류에 대한 자비심에서 사람들의 집이나 다른 건물들을 벼락의 재해에서 구하는 방법을 주셨다. 그 방법이란 다음과 같다. 가는 쇠막대를 준비하여 한쪽 끝은 축축한 땅속으로 3~4피트 깊이로 묻고 다른 끝은 건물 꼭대기보다 6~8피트 위로 솟게 설치한다. 이 막대 위쪽에는 바늘 굵기의 1피트짜리 놋쇠철사를 단다. 이 장치를 한 집은 벼락의 피해를 입지 않게 될 것인데, 그것은 벼락이 철사 끝에 끌려서 막대를 타고 지면으로 흐르기 때문이다.”

## 미국의 독립을 위하여

프랭클린이 과학 연구에 몰두하고 있었던 동안 유럽 열강은 아메리카 대륙의 지배권을 획득하기 위하여 격돌하고 있었다. 1747년 프랑스와 스페인 간의 전쟁이 펜실베이니아를 위협했을 때 프랭클린은 〈명백한 진리〉라는 팸플릿에서 의용군을 조직하여 대항할 것을 제안했다. 그 결과 약 1만 명의 의용군이 모집되었고 프랭클린은 대령 계급으로 의용군을 지휘하여 펜실베이니아를 보호했다.

이 사건을 계기로 그는 식민지 상호 간의 연합체를 구상하기 시작했다. 1754년에는 프랑스가 오하이오 강 지역을 지배하기 위해 인디언과 전쟁을 일으켰다. 식민지 대표들은 공동 방위를 협의할 목적으로 올버니 회의를 소집했는데, 이때 프랭클린은 식민지 회의를 통일된 연방으로 발전시키려고 했다. 그 전쟁은 영국과 프랑스의 전면전인 7년 전쟁으로 확대되었고 미국은 영국 편에 서서 전투에 참여했다.

7년 전쟁이 영국의 승리로 끝나자, 영국 정부가 미국 식민지를 지배하려는 야심을 보였다. 영국은 오랜 전쟁으로 늘어난 채무를 해결하기 위해 설탕법, 인지세법 등을 제정하여 미국 식민지에 세금을 부과하려고 했다. 이에 미국인들은 1765년 뉴욕에서 인지세법 의회를 소집하여 "대표 없이 과세 없다(No taxation without representation)"라는 원칙을 표명했다. 과세권을 부정하고 영국의 상품을 배척한 것이 큰 반항을 일으키자 영국 정부는 1767년에 내국세를 징수하는 대신에 관세를 부과하기 위한 법을 제정했다. 영국과 미국의 관계가 예민해지는 가운데 1773년 12월에는 보스턴 항구에서 미국의 식민지 반군이 영국 동인도 회사 소유의 배를 습격하여 차(茶) 상자

"뭉치면 살고, 흩어지면 죽는다." 프랭클린이 프렌치 인디언 전쟁 때 식민지의 단결을 호소하며 ≪펜실베이니아 가제트≫에 수록한 명언이다. 조각난 뱀의 몸뚱이마다 적혀 있는 알파벳은 당시 아메리카 식민지의 이니셜이다.

를 바다에 버린 사건이 발생했다. 이러한 보스턴 차 사건은 미국 독립혁명의 발단이 된 것으로 평가되고 있다.

보스턴 차 사건이 발발하자 영국 정부는 미국인들이 '참을 수 없는 법(intolerable acts)'으로 칭한 여러 악법(惡法)들을 제정했다. 이에 대응하여 1774년 9월 필라델피아에서는 제1차 대륙회의가 소집되었으며, 그 회의에서는 영국과의 통상 중지와 영국 상품의 수입 금지가 만장일치로 통과되었다. 영국은 이 회의의 주도자들을 체포하기 위해 군대를 파견했고 영국군과 미국의 민병대가 콩코드와 렉싱턴에서 충돌했다. 사태가 심각해지자 1775년 5월에는 제2차 대륙회의가 소집되었는데, 그 회의는 1781년 3월까지 계속 개최되었다.

프랭클린은 1764년부터 1775년까지 영국에 체류하면서 미국의 명분을 호소하고 조지 3세의 실정(失政)에 반대하는 영국의 야당 세력들을 규합했다. 미국과의 전쟁 중에 조지 3세는 무엇이든지 프랭클린의 제안을 물리치는 것이 명예로운 일이라 생각했다. 그는 프랭클린의 피뢰침을 영국인에게 위험한 존재로 간주하여 화약고나 궁전에 설치된 뾰쪽한 피뢰침을 뭉툭한 것으로 바꾸라고 명령했다.

더 나아가 왕은 피뢰침을 갈아치우는 것에 만족하지 않고 왕립학회 회장에게 뭉툭한 것이 뾰쪽한 것보다 안전하다고 선언하도록 했다.

그러나 프링글(John Pringle)은 왕립학회 회장직을 사임하면서 다음과 같이 말했다. "국민으로서 의무로나 개인적인 호의로 볼 때 폐하가 원하시는 대로 하고 싶은 마음이 태산 같사오나 자연의 법칙과 운행에 거역할 수는 없습니다." 당시 프랭클린도 "왕이 어떤 종류의 피뢰침이라도 사용하는 것을 거부했으면 좋겠다. 왕 같은 인간은 벼락에 맞아 죽는 편이 나을 것이다."고 비평하기도 했다. 1772년에 프랭클린은 외국인으로서는 드물게 프랑스 과학아카데미의 회원으로 선출되기도 했다.

1775년에 미국으로 돌아온 후 프랭클린은 제2차 대륙회의의 대표로 선출되어 독립선언서를 만드는 작업에 참여했다. 1776년 7월 4일에 선포된 독립선언서는 프랭클린(펜실베이니아), 애덤스(John Adams, 매사추세츠), 리빙스턴(Robert Livingston, 뉴욕), 셔먼(Roger Sherman, 코네티컷), 제퍼슨(버지니아) 등의 다섯 사람에 의해 준비되었다. 제퍼슨이 작성한 독립선언서의 초안에는 "신성하고 부인될 수 없는" 이란 말로 시작되었는데 프랭클린은 이를 "자명한"이란 문구로 대체했다. 이 수정에서 우리는 프랭클린이 신성한 권위에 반대하고 소박한 말을 좋아하며 과학적 습관에 길들여져 있음을 엿볼 수 있다.

영국과의 독립전쟁이 한창이던 1776년 12월에 프랭클린은 프랑스에 특사로 파견되었다. 미국이 영국을 이기기 위해서는 프랑스의 협조가 필요했던 것이다. 프랭클린은 루이 16세를 설득하는 데

존 트럼불(John Trumbull)이 1817년에 그린 <독립선언서>. 5인 위원회가 독립선언서를 대륙회의에 제출하고 있다. 오늘날 미국은 7월 4일을 독립선언일로 삼아 축제를 벌이고 있다.

많은 공을 들였고, 1778년 2월에는 미국과 프랑스가 동맹조약에 서명하기에 이르렀다. 1789년 혁명 이후에 프랑스인들은 프랭클린의 대리석 흉상을 조각하여 "그는 하늘에서 벼락을 빼앗아 폭군에게 내렸다."는 구절을 새기기도 했다. 프랭클린은 1785년에 필라델피아로 돌아와 여생을 보내다가 1790년에 84세의 나이로 세상을 떠났다.

프랭클린은 세상을 떠났지만 그의 이름은 미국 필라델피아에 있는 프랭클린 연구소에 영원히 남아있다. 그 연구소는 1824년에 설립되었으며 프랭클린 연구센터, 프랭클린 연구실험실, 프랭클린 과학박물관, 천문관, 프랭클린 국립기념관 등을 포함하고 있다. 프랭클린 연구소는 1884년 미국 최초의 국제전기박람회를 개최했으며,

1916년에는 그곳에서 대륙간 전화통신에 대한 공개실험이 세계 최초로 거행되었다. 1938년에 설립된 프랭클린 국립기념관에는 대리석으로 된 6미터 높이의 동상이 세워져 있으며, 과학기술에 대한 서적들이 다양하게 구비되어 있다.

## 벤저민 프랭클린의 명언

벤저민 프랭클린은 앞서 언급한 경구 이외에도 여러 명언을 남겼다. 지식이나 지혜에 대한 것으로는 "지식에 투자하는 것은 항상 최고의 이자를 지불한다.", "교육 없는 천재는 광산 속의 은이나 마찬가지이다.", "현명한 사람은 모두에게서 배우는 사람이다." 등이 있다. 프랭클린은 모든 공부의 기초가 되는 읽기, 생각하기, 쓰기의 의미를 간파하기도 했다. "독서는 정신적으로 충실한 사람을 만든다. 사색은 사려 깊은 사람을 만든다. 그리고 논술은 확실한 사람을 만든다."

돈이나 부에 관한 명언도 제법 있다. "돈이면 무엇이든 된다고 생각하는 사람은 돈을 위해 무엇이든 하는 사람으로 볼 수 있다.", "부자는 누구인가? 만족하는 이다. 만족하는 이는 누구인가? 그런 이는 없다.", "버는 것보다 적게 쓰는 법을 안다면 현자의 돌을 가진 것과 같다.", "가난은 부끄러울 일이 아니지만, 가난을 수치스럽게 생각하는 것은 부끄러운 일이다.", "돈의 가치를 알고자 하거든 가서 돈을 조금 빌려보라. 돈을 빌리러 가는 것은 슬픔을 빌리러

가는 것이다.", "돈을 빌려준 사람은 돈을 빌린 사람보다 잘 기억한다."

프랭클린이 가장 고심했던 주제는 인생의 의미였다. "인생을 사랑한다면 시간을 낭비하지 말라.", "일하는 자는 행복한 자요, 한가한 자는 불행한 자다.", "모두가 오래 살고 싶어 하지만 아무도 늙고 싶어 하지는 않는다.", "인생의 비극은 우리가 너무 일찍 늙고 너무 늦게 현명해 진다는 것이다.", "긴 인생은 좋지 않을 수도 있지만, 좋은 인생은 충분히 길다.", "오래 살기를 원하면 잘 살아라.", "죽음과 동시에 잊히고 싶지 않다면 읽을 가치가 있는 글을 쓰라. 그리고 글로 쓸 가치가 있는 일을 하라."

프랭클린은 행복한 인생을 살아가는 데 필요한 13가지 덕목을 제안하기도 했다. 그는 1771~1790년에 집필한 『자서전』에서 다음과 같이 썼다. "이때쯤[1728년경]에 나는 도덕적으로 완벽해지고자 하는 무모하고도 어려운 계획을 마음에 품고 있었다. 그러나 완벽하게 덕 있는 사람이 되어야지 하는 마음속의 신념만으로는 실수를 막을 수 없다는 결론에 도달했다. 늘 정확하고 일관성 있는 행동을 하려면 나쁜 습관들을 깨부수고 좋은 습관을 익혀야 했다. 마침내 내게 필요하고 바람직한 덕목을 13가지로 정리했다."

프랭클린의 13가지 덕목은 다음과 같다. ① 절제(temperance): 과식과 과음을 삼가라. ② 침묵(silence): 타인과 자신에게 이로운 것 외에는 말을 삼가고, 쓸데없는 대화를 피하라. ③ 질서(order): 모든 물건은 제자리에 정돈하고, 모든 일은 정해진 시간을 지켜라. ④ 결단(resolution): 해야 할 일은 하기로 결심하고, 결심한 일은 반드시

행하라. ⑤ 절약(frugality): 타인과 자신을 이롭게 하는 것 외에는 지출을 삼가고, 낭비하지 말라. ⑥ 근면(industry): 시간을 헛되이 쓰지 말고, 항상 유익한 일을 행하며, 필요 없는 행동은 하지 말라. ⑦ 진실(sincerity): 남을 일부러 속이려 하지 말고, 순수하고 정의롭게 생각하라, 말과 행동을 일치하라. ⑧ 정의(justice): 남에게 피해를 주거나 응당 돌아갈 이익을 주지 않거나 하지 말라. ⑨ 중용(moderation): 극단을 피하고, 원망할 만한 일을 한 사람조차 원망하지 말라. ⑩ 청결(cleanness): 몸과 옷차림, 집안을 청결하게 하라. ⑪ 침착(tranquility): 사소한 일, 일상적인 사고, 혹은 불가피한 사고에 불안해하지 마라. ⑫ 순결(chastity): 건강이나 자녀 때문이 아니면 성관계를 삼가라. 특히 감각이 둔해지거나 몸이 약해지거나 자신과 타인의 평화와 평탄에 해가 될 정도까지는 하지 말라. ⑬ 겸손(humility): 예수와 소크라테스를 본받으라. 마지막 덕목의 예수와 소크라테스는 서양의 정신적 전통을 형성한 2대 조류인 헤브라이즘과 헬레니즘을 상징한다고 풀이할 수 있다.

1978~2001년에 ≪타임≫ 편집장을 지냈던 월터 아이작슨(Walter Isaacson)은 『벤저민 프랭클린: 인생의 발견』에서 다음과 같이 프랭클린의 인생을 종합했다. "프랭클린은 여든네 살까지 살면서 미국 최고의 과학자, 발명가, 외교관, 저술가, 비즈니스 전략가로 활동했다. 그리고 가장 심오하지는 않더라도 가장 실용적인 정치사상가 중 한 사람이었다. 그는 연날리기를 통해 번개가 전기라는 사실을 증명했고, 번개에 대처하기 위해 피뢰침을 발명했다. 그는 복초점 안경, 고효율 안경, 멕시코 만류 도표, 감기의 전염성에 대한 이

론 등을 만들어냈다. 그는 대출 도서관, 대학교, 의용 소방대, 보험 협회 등 다양한 도시발전 프로그램을 만들었다. 또한, 미국 특유의 소박한 유머 스타일이나 실용주의 철학의 탄생에 일조하기도 했다. 외교정책 면에서는 힘의 균형을 꾀하는 현실주의와 이상주의의 결합 방식을 개발했으며, 정치 분야에서는 식민지 연합과 단일 정부를 위한 연방 모델을 제안하는 생산적인 기획안을 구상했다. 그러나 프랭클린이 발명한 것 중에서 가장 흥미롭고 끊임없이 재창조된 것은 바로 그 자신이다."

# 4장

# 마이클 패러데이
## Michael Faraday

제본공에서 일류 과학자로

마이클 패러데이(Michael Faraday, 1791~1867)는 19세기 물리학과 화학의 발전에 크게 기여한 인물이다. 그는 전자기유도(electromagnetic induction) 현상을 처음으로 발견하고 전기분해(electrolysis)를 과학적으로 규명한 사람으로 유명하다. 오늘날 '패러데이의 법칙(Faraday's law)'은 두 종류로 구분되고 있다. 하나는 1831년에 제안된 전자기 유도에 관한 패러데이 법칙이고, 다른 하나는 1833년에 정립된 전기분해에 관한 패러데이 법칙이다.

1857년에 패러데이는 영국의 과학자가 현세에서 성취할 수 있는 최고의 자리를 제안받았다. 당시 왕립학회의 핵심 멤버였던 틴들(John Tyndall)이 회원들의 뜻을 모아 패러데이에게 회장을 맡아 달라고 요청했던 것이다. 그러나 패러데이는 이 영광스러운 자리를 사양하면서 다음과 같이 말했다. "틴들 선생, 나는 끝까지 평범한 마

평범한 삶을 좋아했던 위대한 과학자,
마이클 패러데이

이클 패러데이로 남겠습니다." 이 말 한마디에서 우리는 패러데이의 성품을 알 수 있다. 그는 일생을 통하여 학문 연구에 대한 명예나 재정적인 보상을 뿌리쳤다. 그는 평범한 마이클 패러데이의 위치에서 다른 것에 구애받지 않고 자연의 신비를 자유롭게 탐구하려 했던 것이다.

## 찢어지게 가난한 집안

패러데이는 1791년 9월 22일에 영국 런던 근교의 서리에서 태어났다. 네 남매 중 셋째였다. 아버지는 대장장이로 일했으며 가까운 친척들의 직업은 식료품 장수, 구두 수선공, 농부, 서기 등이었다. 어린 시절에는 패러데이가 천재적 재능을 나타내리라는 조짐이 전혀 없었다. 그는 초등학교를 2년 정도 다니면서 읽기와 쓰기, 그리고 산수의 기초를 겨우 배웠을 뿐이다. 읽기(Reading), 쓰기(Writing), 산수(Arithmetic)는 사람이 일상적인 생활을 유지하는 데 가장 기초적인 교육으로 '3R 교육'으로 불리기도 한다.

패러데이의 집안은 찢어지게 가난했다. 11살 때 그의 집안은 가난에서 벗어나고자 하는 열망으로 런던 시내로 이사했다. 그러나 아버지는 적당한 일거리를 찾지 못했고 막노동으로 겨우 생계를 이어갔다. 패러데이에게 지급될 수 있는 식량은 일주일에 빵 한 덩어리였다. 그는 매주 월요일 아침에 빵 한 덩어리를 받아 조심스럽게 14조각으로 나눈 후 아침저녁으로 한 조각씩 먹었다. 그는 매우 용의주도하게 식사를 관리했기 때문에 비록 배불리 먹지는 못했지만 결코 배를 곯지는 않았다.

패러데이는 13살 때 서점과 문방구를 경영하고 있었던 리보(George Riebau)의 조수로 취직했다. 패러데이가 했던 일은 고객들에게 신문을 돌리고 그들이 다 보고 난 후에 다시 거두는 것이었다. 고객들은 패러데이의 서비스를 고마워했고 리보도 그렇게 생각했다. 덕분에 1년이 지난 후 패러데이는 제본 작업장 견습생으로 승진할 수 있었다. 이 새로운 일자리야말로 패러데이에게는 신이 내린 선물과도 같았다. 왜냐하면 한가한 시간을 이용하여 제본을 의뢰받은 온갖 종류의 책들을 읽을 수 있었기 때문이었다.

패러데이는 『브리태니커 백과사전』을 제본하면서 과학의 세계에 이끌리기 시작했다. 특히 그는 전기에 관한 항목에 흥미를 느

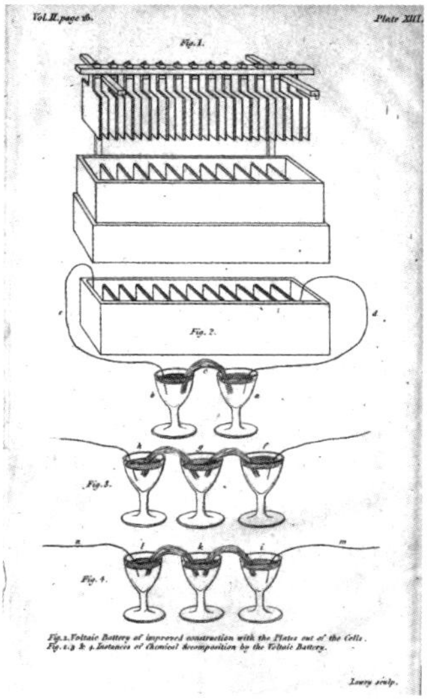

다양한 화학 실험을 소개하고 있는 『화학에 관한 대화』

꼈고 실험 기구를 제작해서 책에 소개된 실험을 직접 해 보기도 했다. 대부분의 책은 너무 어려웠지만, 1805년에 제인 마셋(Jane Marcet)이 발간한 『화학에 관한 대화』는 패러데이에게 안성맞춤이었다. 그녀는 당대의 유명한 과학자 데이비(Humphry Davy, 1778~1829)가 왕립연구소(Royal Institution, RI)에서 실시했던 강연을 활용하여 대화체의 형식으로 화학을 알기 쉽게 설명했다. 이 책을 통해 패러데이는 미래의 스승이 될 데이비를 처음으로 접한 셈이었다.

1810년에 패러데이는 런던 시립철학회(City Philosophical Society)에 가입했다. 그 단체는 자기계발에 관심이 많은 젊은이들이 모여 과학적 발견을 포함한 당시의 주요 화제에 대해 토론하거나 강연을 듣는 식으로 운영되었다. 패러데이는 테이텀(John Tatum)이 개설한 강연 코스에 참석했는데, 강연료는 회당 1실링밖에 되지 않았다. 테이텀은 과학 강사이자 은세공업자로 서점의 단골 고객이었다. 패러데이는 테이텀의 강연을 열심히 들으면서 꼼꼼하게 기록했다. 뿐만 아니라 강연을 듣고 돌아온 즉시 처음의 필기를 고쳐 깔끔하게 정리한 후 설명을 덧붙여 완성도가 높은 노트를 만들었다.

## 데이비의 조수가 되기까지

1812년 2월, 패러데이는 어떤 손님에게 이끌려 데이비의 4회 연속 공개 강의를 들으러 갔다. 당시에 데이비는 왕립연구소에서 알기 쉽고 재미있는 화학 강의를 통해 청중을 매혹시키고 있었다. 데이비의 강연은 과학에 대한 패러데이의 동경심을 더욱 부추겼다. 패러데이는 자신의 꿈을 실현하기 위해 매우 과감한 행동을 했다. 당시 왕립학회 회장을 맡고 있던 뱅크스(Joseph Banks)에게 직접 편지를 보내어 작은 일이라도 좋으니 왕립학회에서 일을 시켜달라고 요청한 것이다. 하지만 패러데이에게 날라 온 것은 "할 말 없음(No Answer)"이라고 휘갈겨 쓴 답장이 전부였다.

패러데이는 낙심하지 않고 데이비에게 접근했다. 데이비에게 일자리를 부탁하는 편지를 쓰면서 이전에 그의 강연을 들으면서 손수 필기한 노트를 정성껏 제본하여 함께 보냈다. 그 덕분인지 패러데이는 데이비와 면담하는 기회를 가질 수 있었다. 그러나 데이비는 "나중에 필요하면 부르겠으니 일단은 제본 일을 하고 있으라."고 하면서 패러데이를 돌려보냈다. 같은 해 10월, 데이비는 패러데이에게 연락을 취했다. 데이비는 실험을 하다가 폭발 사고로 눈을 다쳤고, 임시로 자신의 실험을 기록해 줄 사람으로 패러데이를 고용했다. 그러나 그 일은 오래가지 않았으며, 패러데이는 다시 제본공으로 돌아가야 했다.

하늘은 스스로 돕는 자를 돕는다고 했던가? 1813년 2월에는 페러데이에게 커다란 행운이 찾아왔다. 왕립연구소에서 실험실 조수로 일하던 사람이 강연장에서 싸움을 하는 바람에 해고를 당했던 것이다. 왕립연구소는 데이비에게 적절한 인물을 찾아달라고 요청했고, 데이비는 다시 패러데이를 불러들였다. 당시에 패러데이는 데이비와 다음과 같은 면담을 했던 것으로 전해진다.

"저[패러데이]는 제가 몸담아 왔던 장사라는 것이 악덕하고

이기적인데 반해 과학은 그것을 추구하는 사람을 고매하고 자유롭게 만든다는 공상을 해 왔습니다. 그래서 저는 어떻게 해서라도 장사를 떠나서 과학에 몸을 담고 싶다는 희망을 가졌습니다. 결국 저는 감히 당신[데이비]에게 편지로 저의 소망을 솔직히 피력하고 여건이 허락한다면 저의 부탁을 들어달라는 뜻을 밝혔던 것입니다."

"과학은 사나운 부인과 같은 것일세. 그녀에게 봉사하려는 사람이 있을 때 그녀는 오로지 그를 혹사할 뿐이야. 그녀가 지급하는 금전적 보수는 보잘 것이 없네. 또한 과학자의 도덕적 관념이 우월하다는 자네의 생각은 이후 수년 동안 자신의 경험을 통해 판단해야 할 것일세."

1813년 3월, 패러데이는 마침내 자신의 소박한 꿈을 이루었다. 21세의 나이로 왕립연구소의 화학 조수가 되었던 것이다. 패러데이는 지하의 실험실에서 데이비의 실험을 도왔고, 1층 강연장에

패러데이의 스승인 데이비. 그는 1799년에 '웃음가스(laughing gas)'로 불린 아산화질소에 대한 연구를 수행했고, 1810년에 염산의 구성을 밝혔으며, 1816년에는 안전등을 발명했다. 데이비는 1812년에 작위를 받았으며, 1820~1826년에 왕립학회의 회장을 지냈다.

서는 데이비의 강연을 보조했으며, 그 위층에서는 잠을 잤다. 왕립 연구소가 패러데이에게 직장이자 학교이자 집이 된 셈이었다. 데이비는 재미있는 일거리를 주거나 유명한 과학자들을 소개하여 패러데이의 과학에 대한 열정을 북돋았다. 패러데이는 모든 일을 성실하게 수행했으며 "데이비의 병을 씻는 사람"으로 주목을 받았다.

패러데이에게 잊을 수 없는 경험은 1813년 10월부터 1년 반에 걸쳐 데이비 부부와 함께 유럽대륙을 순회했던 일이었다. 패러데이는 여행을 떠났던 날 아침의 일기에 "오늘 아침은 내 생애의 신기원을 이룩하는 순간이다"라고 적었다. 여행을 통하여 그는 앙페르와 게이뤼삭을 비롯한 유명한 과학자들을 만날 수 있었다.

## 독립적인 연구자로 성장하다

여행에서 돌아온 패러데이는 데이비로부터 본격적인 훈련을 받으면서 화학에 대한 연구에 전념했다. 1816년에 패러데이는 자연산 가성석회에 대한 논문을 작성하여 영국 과학계의 주목을 받기 시작했다. 1820년에는 탄소의 새로운 염소화합물 두 가지를 발견했으며 강철의 합금을 제조하기도 했다.

그의 과학적 업적은 계속해서 이어졌다. 1823년에는 염소의 액화에 대해 연구했고, 1825년에는 부틸렌과 에틸렌의 이성질체(분자식은 동일하나 구조가 다르기 때문에 물리화학적 성질을 달리하는 물질)를 발견했다. 1825년에 고래 기름(경유) 속에서 벤젠($C_6H_6$)을 처음 발견한 사람도 패러데이였다. 벤젠은 많은 과학자들의 주목을 받았으며, 그 구조는 1865년에 독일의 화학자 케쿨레(Friedrich August Kekule)에 의해 규명된 바 있다.

패러데이는 1826년에 다음과 같은 글을 썼다. "시간의 일부를 화학 실험에 바치길 원하는 사람이 연구와 관련된 책들과 논문들을 모두 다 읽는 것은 분명히 불가능하다. 그 수는 어마어마하게 많다. 또 상당 부분이 재미도 없고, 상상과 오류로 차 있어서 그중에서 몇 안 되는 실험적·이론적 진실을 선별하는 일은 너무나 힘들다. 그래서 실험을 시도하는 대부분의 사람은 읽은 것 중에서 빨리 선택하게 되고, 그렇기에 때로는 진짜 좋은 것을 경솔하게 지나쳐버리게 된다." 이 글에서 알 수 있듯이 19세기가 되면서 과학적 지식이 폭발적으로 증가하기 시작하여 한 분야를 섭렵하는 것도 매우 어려워졌다.

패러데이는 연구뿐만 아니라 강의에도 소질을 발휘했다. 그는 1816년 1월 17일에 「물질의 일반적 성질」이란 제목으로 왕립연구소에서 첫 강연을 했다. 강연은 성공적으로 끝났다. 이후로 그의 강연은 청중들로 장사진을 이루었다. 패러데이가 강연을 열심히 준비하기도 했지만, 그의 성품도 강연에 안성맞춤이었다. 패러데이는 쨍쨍한 목소리, 천진난만한 웃음, 털털한 인상을 모두 갖추고 있었던 것이다. 패러데이가 연구와 강의에서 뛰어난 능력을 발휘하자 급기야 "패러데이가 데이비보다 뛰어나다."는 소문이 퍼졌다. 패러데이는 한사코 부인했으나 데이비는 패러데이를 질투하기 시작했다.

패러데이는 과학에 대해 남다른 열정을 가지고 있었지만, 이성에는 거의 관심이 없었다. 그는 친구에게 "사랑이란 당사자들을 빼고는 모든 이에게 폐를 끼치는 귀찮은 행위"라고 말한 적도 있었다. 그러나 같은 교회를 다니던 사라 버나드(Sara Bernard)의 매력에 끌리고 나서는 생각을 바꾸었다. 그녀에게 보냈던 편지에서 패러데이는 다음과 같이 적었다. "표백분, 기름, 안전등, 강철 등과 같이 내가 하는 일과 관계된 것들은 당신을 향한 사랑에 비하면 보잘 것 없는 것에 불과합니다."

패러데이는 1820년에 29세의 나이로 사라와 결혼했다. 사라는 소박한 생활에 곧 익숙해졌고 남편을 헌신적으로 보필했지만, 두 사람 사이에는 자녀가 없었다. 패러데이는 결혼을 계기로 샌더매니언(Sandemanian) 교회의 정회원이 되었다. 그 교회의 신자들은 청빈한 생활을 중시하고 돈을 남겨 저축하는 것을 무거운 죄로 생각했다. 그것은 패러데이가 갖가지 유혹의 손길을 뿌리치고 왕립연구소에 평생을 바쳤던 동기로 작용했다.

## 대중을 사로잡는 강연

1820년은 전기와 자기에 관한 지식이 폭발적으로 증가한 해였다. 덴마크의 과학자인 외르스테드(Hans Christian Ørsted)는 전류가 나침반의 자침을 움직이게 한다는 사실, 즉 전류의 자기 작용을 발견했다. 곧이어 프랑스의 앙페르(André-Marie Ampère)는 두 개의 나란한 도선에 전기를 통해본 결과 전류의 방향이 같을 때에는 척력이, 전류의 방향이 반대일 때는 인력이 작용한다는 법칙을 정립했다. 프랑스의 비오(Jean Baptiste Biot)와 사바르(Felix Savart)는 주어진 전류가 생성하는 자기장이 전류에 수직이고 전류에서의 거리의 제곱에 반비례한다는 법칙을 알아냈고, 프랑스의 아라고(Dominique François Arago)는 전류가 흐르는 도선이 주변에 있는 자성체를 끌어당긴다는 사실을 발견한 후 코일을 여러 겹 감은 전자석을 발명했다.

영국에서는 데이비의 동료 과학자인 울러스턴(William Wollaston)이 '전자기 회전(electromagnetic rotation)'이라는 새로운 개념에 깊은 관심을 가졌다. 울러스턴은 전류가 코르크 마개뽑이처럼 나선형으로 도선을 통과하며, 이렇게 꼬인 전류 때문에 원형의 자기력이 발생한다고 생각했다. 그는 전류가 흐르는 도선이 자석에 근접할 경우에 매우 얇은 팽이처럼 축을 따라 회전할 것으로 예측했다. 1821년 4월에 울러스턴은 왕립연구소를 방문하여 데이비와 함께 실험했지만, 예상했던 효과는 나타나지 않았다.

패러데이가 전자기 회전에 관한 일련의 실험을 실시한 때는 1821년 9월이었다. 그는 수직 전선을 상단에 걸고 각 끝을 소량의 수은에 담근 후 전지에 연결할 수 있는 간단한 장치를 고안했다. 자석을 전선에 가까이 가져갔을 때 전선은 어떤 극이 앞에 있는가에 따라 자석 쪽으로 혹은 반대쪽으로 이동했다. 전선은 울러스턴의 예측과 달리 축이 아니라 자기극을 중심으로 회전했다. 이것이 전부는 아니었다. 패러데이는 자석이 자유롭게 수은 위에 떠 있도록 장치를 개조한 후 도선을 수은 표면의 중앙에 담그고 다시 전지를 연결했다. 그러자 이번에는 자석이 도선 주위를 돌았다. 세계 최초의 '전동기(electric motor)'가 탄생하는 순간이었다.

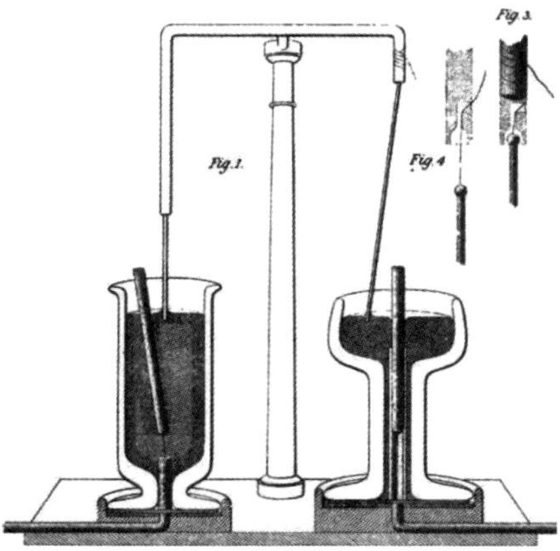

패러데이가 전자기 회전 실험에서 사용한 장치(1821년)

1821년 10월에 패러데이는 「새로운 전자기적 운동에 관한 기록」이라는 논문을 ≪계간 과학저널(Quarterly Journal of Science)≫에 발표했다. 그런데 패러데이는 데이비에게 감사의 인사를 하는 것을 잊어버렸고, 울러스턴의 연구에 대한 언급도 하지 않았다. '연구하라, 완료하라, 발표하라(Work, Finish, Publish)'를 신조로 삼고 있던 패러데이가 학술지 발간 일에 맞추어 논문을 출판하기 위해 너무 서둘렀던 것이다. 울러스턴은 직접 가담하지 않았지만, 데이비를 포함한 몇몇 사람들은 패러데이에게 표절 의혹을 제기했다. 패러데이는 외로운 투쟁 끝에 표절 혐의에서는 벗어났지만, 의례를 중시하는 영국 과학계의 골수파에게는 호감을 얻을 수 없었다.

1824년에 패러데이를 존경하는 사람들이 그를 왕립학회의 회원으로 추천했다. 흥미롭게도 당시 회장을 맡고 있던 데이비는 반대표를 던졌다. 그러나 반대표는 단 한 표였기 때문에 패러데이는 왕립학회의 회원이 되었고 오히려 데이비의 명예만 훼손되었다. 그렇지만 패러데이는 자신의 스승인 데이비를 여전히 존경했다. 1829년에 데이비가 세상을 떠난 후 패러데이는 스승의 사진을 가리키며 감회어린 목소리로 말했다. "이분은 참으로 위대하신 분이셨네." 데이비도 말년에 패러데이를 크게 칭송했다. "나는 과학적으로 많은 발견을 했다. 그러나 내 생애 최대의 발견은 패러데이다."

1825년에 패러데이는 데이비의 뒤를 이어 왕립연구소의 실험실을 관할하게 되었다. 패러데이는 1826년부터 금요 저녁 담화(Friday Evening Discourse)를 개최하여 저명한 과학자들을 초빙하여 왕립연구소 회원들과 함께 대화를 갖는 시간을 마련했다. 1827년에 패러데이는 크리스마스 시즌을 활용한 크리스마스 강연(Christmas Lecture)을 출범시켰는데, 그것은 오늘날에도 이어지고 있는 대표적인 과학 강연에 해당한다.

패러데이가 1856년에 크리스마스 강연을 하는 모습

패러데이가 주도했던 왕립연구소의 대중 강연은 상당한 인기를 누렸다. 빅토리아 여왕의 남편인 앨버트 공(Prince Albert)과 세계 최초의 컴퓨터 프로그래머로 평가되는 에이다 러브레이스(Ada Lovelace)도 패러데이의 강연에 참여했다. 청중의 범위는 상류층 위주에서 서민층으로 점차 확대되었으며, 청중 중에는 에이다와 같은 여성도 제법 있었다.

패러데이에게는 청중의 관심과 주의를 끄는 특별한 힘이 있었다. 그는 일반인들에게 친숙한 것부터 시작했고 가급적 쉬운 용어를 사용했다. 더 나아가 청중이 해당 주제에 대한 사전 지식을 가지지 않고 있다고 가정했다. 특히 패러데이는 화술에 상당한 주의를 기울였는데, 친필 원고에 다음과 같은 규칙이 남겨져 있다. "어구를 반복하지 않는다. 뒤로 돌아가서 수정하지 않는다. 적당한 단어가 생각나지 않으면 '흠흠' 또는 '에에'와 같은 소리를 내는 것이 아니라 잠시 멈추고 기다려야 한다. 다른 사람이 내 말을 바로잡으면 의심하지 않는다."

## 전자기유도 현상의 발견

1820년에 외르스테드가 전류의 자기 작용을 발견한 이래 많은 과학자들은 정반대의 작용도 존재하지 않을까 추측했다. 자기 작용에 의해 전류를 만들어낼 수 있다는 것이었다. 이처럼 자기장을 변화시킬 때 전류가 흐르는 현상은 '전자기유도'로 불린다. 패러데이도

1825~1828년에 전자기유도를 확인하기 위해 몇 가지 실험을 시도했다. 이를 통해 그는 자신의 생각을 조금씩 발전시킬 수는 있었지만 측정 장치에 문제가 있어 원하는 결과를 얻는 데에는 실패했다.

패러데이의 실험은 1831년에 다시 시작되었다. 그는 8월 29일에 지름 약 15센티미터, 두께 약 2센티미터의 쇠고리를 만든 후 두 개의 도선 코일을 감고 하나는 전지에, 다른 하나는 검류계(전류의 세기를 측정하는 장치)에 연결했다. 전류가 흐르면 검류계 바늘은 한쪽으로 살짝 움직였다가 다시 원점으로 돌아갔고, 전류를 차단하면 원점에 있던 검류계 바늘이 처음과는 반대쪽으로 살짝 움직였다. 패러데이는 오늘날 전력망이나 휴대전화 충전기에 사용되는 변압기의 원리를 발견했던 것이다.

실험은 계속되었다. 패러데이는 10월 17일에 돌돌 말린 원통형 코일에 막대자석을 넣었다 뺐다 하는 실험을 했다. 막대자석이 정지해 있으면 아무 일도 일어나지 않았지만, 막대자석을 조금이라도 움직이면 검류계에서 전류가 감지되었다. 전자기유도 현상이 확인되었던 것이다. 그 후 패러데이는 막대자석의 양쪽 극 사이에 구리 원반을 놓는 식으로 장치를 변경하여 실험을 실시했다. 그리고 10월 28일에 구리 원반을 회전시키면 지속적으로 전류가 발생한다는 사실을 알아냈다. 이로써 패러데이는 역사상 최초의 발전기를 발명했는데, 그의 발전기는 '패러데이 원반(Faraday disk)' 혹은 '페러데이 바퀴(Faraday wheel)'로 불렸다.

매우 간단한 현상처럼 보이는 전자기 유도가 10년 동안이나 발견되지 못한 이유는 무엇일까? 첫 번째 이유는 당시에 전자기 유

패러데이가 전자기유도를 연구할 때 사용했던 실험 장치(왼쪽)와 세계 최초의 발전기에 해당하는 패러데이 원반(오른쪽)

도로 만들어 낸 전기의 양이 너무 적었다는 점이다. 그 양을 증폭시키지 않는 한 전자기 유도 효과를 관찰하기가 무척 어려웠던 것이다. 이에 반해 패러데이는 피복을 입혀 전류의 손실을 차단한 코일을 철심에 칭칭 감아 전자기 효과를 극적으로 증폭시킬 수 있었다. 둘째로는 자기력이 변화하는 순간에만 전류가 만들어진다는 점을 들 수 있다. 아무리 강력한 자석이라도 도선 옆에 가만히 놓아두어서는 유도 전류가 검출되지 않았다. 다행히 패러데이는 1차 코일을 전지에 연결하기 전에 2차 코일을 검류계에 연결해 놓음으로써 전지를 연결하는 '순간'에 검류계의 바늘이 움직이는 것을 관찰할 수 있었다.

1831년 11월 24일에 패러데이는 전자기 유도에 관한 자신의 논문을 왕립학회의 동료들 앞에서 발표했다. 논문은 화려한 과시나 추측 없이 실험적 사실에 입각하여 소박하게 서술되었고, 참석자들은 패러데이를 당대 최고의 과학자로 추켜세웠다. 미국의 헨리(Joseph Henry)가 패러데이보다 약간 앞서 전자기 유도를 발견했다는 주장도 있는데, 헨리의 연구 결과는 출판되지 않았기 때문에 1831년의 유럽에는 알려져 있지 않았다. 흥미롭게도 1831년은 패러데이의 뒤를 이어 전자기학을 정립한 맥스웰(James Clerk Maxwell)이 출생한 연도이기도 하다. 같은 해에 다윈(Charles Darwin)은 22세의 나이로 비글호 여행을 시작했다.

패러데이는 전자기 현상을 설명하기 위하여 독특한 상상력을 발휘했다. 에테르(ether)로 가득 차 있는 모든 공간은 역선(力線, line of force) 또는 역관(力管, tube of force)으로 이루어져 있고, 역선이나 역관은 반대의 전하나 반대의 자극을 연결시켜 장(場, field)을 형성한다는 것이었다. 또한 역관의 단면적은 특정한 지점에서의 전기장과 자기장의 강도를 나타내는데, 역선의 수가 거리의 제곱에 반비례하므로 전기력과 자기력의 역제곱 법칙이 설명될 수 있었다. 패러데이는 역선을 단순한 설명의 도구가 아닌 물리적 실재로 믿었다.

패러데이는 위대한 실험가였지만 수학적 재능은 거의 없었다. 이와 달리 맥스웰은 수학적 이론으로 전자기학의 꽃을 피웠다. 1857년에 패러데이는 맥스웰에게 다음과 같은 편지를 썼다. "한 가지 묻고 싶은 것이 있습니다. 물리적 행동들에 대해 탐구하던 수학자가 자신만의 결론에 다다랐을 때, 그 결론을 수학 공식 못지않게

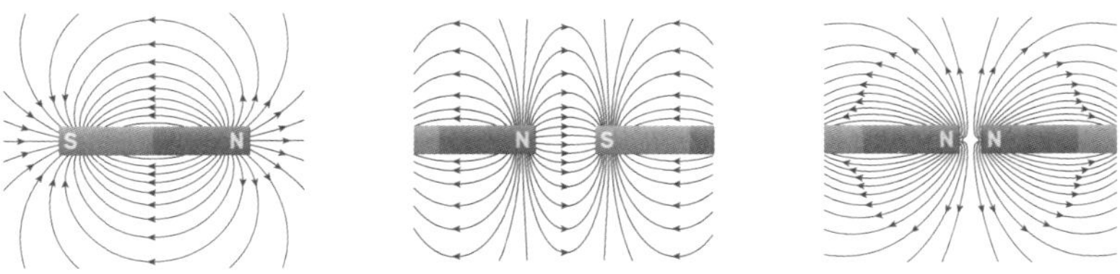

자기장을 역선으로 시각화한 모습

풍부하고 정확하고 완벽한 형태의 일상 언어로 표현하면 안 되는 것입니까? 그렇게 표현해 준다면 우리 같은 사람들에게는 대단히 고마운 일이 되지 않겠습니까? 그 결론을 어려운 기호들로부터 번역해준다면 우리 같은 사람들도 실험을 통해 그것에 대해 연구할 수 있을 것입니다."

패러데이의 전자기 유도 실험에 대해서는 흥미로운 일화가 전해지고 있다. 한번은 영국의 수상 로버트 필(Robert Peel)이 왕립연구소를 방문했다. 그는 패러데이에게 새로운 발견의 용도가 무엇인지 물었다. 패러데이는 "그래요, 갓 태어난 아기가 뭘 할 수 있겠습니까?"라고 운을 떼면서 "언젠가 정부가 이것에다 세금을 매길 수 있을 겁니다."고 응수했다. 사실상 패러데이가 세상을 떠났던 1867년까지도 전기는 갓난아기에 지나지 않았고, 앞으로 이 갓난아기가 어떤 일을 하게 될지는 아무도 장담할 수 없었다. 그러나 19세기 말부터 전기는 공장과 가정에 널리 보급되기 시작했으며 고 인류는 이전과 현격히 다른 세상에서 살게 되었다. 기초과학이나 기초연구는 언제 상업화될지 모르지만, 세상을 바꿀 수 있는 잠재력을 가지고 있는 것이다.

## 전기화학의 기초를 닦다

패러데이는 전자기유도 현상을 발견한 뒤에도 계속해서 전기장과 자기장에 미치는 물체의 영향에 대해 연구했다. 1837년에는 사용된 절연물질의 종류에 따라 축전기가 각기 다른 양의 전기를 받아들인다는 사실을 발견했다. 그는 진공일 경우와 특정한 절연물질을 사용할 경우에 축전기가 받아들인 전하의 비율을 '비유전용량(比誘電容量)'으로 정의했다. 1845년에 패러데이는 물체와 자기장 사이에도 비슷한 상호작용이 있다는 것을 발견했다. 물체 중에는 외부 자기장에 의해 자기장과 반대 방향으로 자기를 띠는 반자성체(反磁性體)와 자기장 안에 넣으면 자기장 방향으로 약하게 자기를 띠는 상자성체(常磁性體)가 있다는 것이다.

패러데이는 반자성 현상을 통해 빛과 전자기의 연관성에 관한 연구로 나아갔다. 그는 강력한 전자석의 양극 사이에 유리조각을 매달았을 때 유리조각이 자기장에 대해 직각으로 향하는 것을 관찰했으며, 자기장의 방향으로 편광광선을 유리조각에 비추었을 때 편광면이 회전하는 것을 발견했다. 이처럼 자기장에 의해 빛의 편광면이 회전하는 현상은 오늘날 '패러데이 효과(Faraday effect)'로 불리고 있다. 이러한 실험을 바탕으로 패러데이는 1846년에 「빛의 진동에

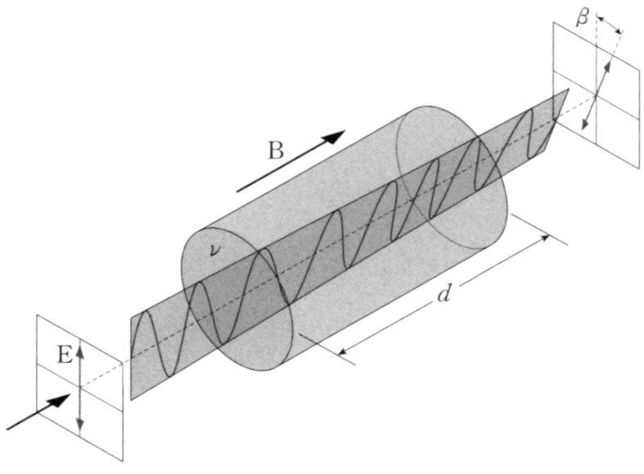


패러데이 효과에 의한 편광의 회전

관한 생각」이란 논문을 썼다. 이 논문은 빛이 전자기파의 일종이라는 점을 처음으로 시사하고 있었다. 이후에 맥스웰은 패러데이의 업적을 계승하여 빛과 전자기장의 관계를 체계적으로 규명했다.

이에 앞선 1833년에 페러데이는 다양한 물질을 대상으로 전기분해 실험을 하면서 전기화학의 기초가 되는 법칙을 정립했다. 전기분해를 통해 생성되는 물질의 양은 흘려보낸 전하량(전류×시간)에 비례하고, 동일한 전하량에 의해 석출되는 물질의 양은 물질의 종류에 관계없이 각 물질의 화학당량(수소 1원자량이나 산소 8원자량과 대등하게 화합하는 다른 원소의 물질량)에 비례한다는 것이었다. 이때 물질 1그램당량을 전기분해로 얻는 데 필요한 전하량은 패러데이를 기념하여 '패럿(farad)'이란 단위로 표시된다. 1F(패럿)은 약 96,485C(쿨롱)에 해당하는데, 20세기에 들어와 전자 1몰이 가진 전하량, 즉 전자의 기본전하량과 아보가드로수를 곱한 값과 동일하다는 점이 규명되었다.

이와 함께 패러데이는 당시의 유명한 과학자이자 철학자였던 휴얼(William Whewell)과 협력하여 전기화학 분야에서 많은 학술용어를 제정했다. 패러데이는 용매에 녹아서 전류를 흐르게 하는 물질을 전해질(electrolyte), 물질에 전류를 통하여 화학 변화를 일으키는 것을 전기분해(electrolysis), 양끝의 연결점을 전극(electrode)이라고 불렀다. 전극에는 두 가지가 있는데, 양전하로 충전되면 양극(anode)이, 음전하로 충전되면 음극(cathode)이 된다. 전해질을 분해하여 얻어지는 결과물이 이온(ion, 이온은 여행자를 뜻하는 그리스어이다)인데, 이온에는 음이온(anion)과 양이온(cation)이 있다. 이런 식으로 패러데이가 전기화학에 관한 용어를 정비했으며, 그가 제안한 용어 체계는 오늘날에도 널리 사용되고 있다.

## 패러데이의 마지막 청원

1830년대를 전후하여 패러데이는 영국을 대표하는 과학자로 우뚝 섰다. 그는 1824년에 왕립학회의 회원이 된 후 여러 상을 독차지했다. 1829년과 1832년에는 베이커 메달을, 1832년과 1838년에는 코플리 매달을, 1835년과 1846년에는 로열 메달을 받았다. 1833년에 패러데이는 새로운 기부금으로 왕립연구소에 설치된 풀러 교수직에 임명되었다. 1836년에는 영국의 모든 등대를 책임지는 도선사 협회의 과학 고문이 되었고, 1856년까지 이 직위를 유지했다.

패러데이는 매우 바쁜 와중에도 자신의 연구 결과를 책으로 발간하는 데 많은 노력을 기울였다. 그중 가장 유명한 것은 총 3권으로 되어 있는『전기에서의 실험적 연구』인데, 1권은 1839년, 2권은 1844년, 3권은 1855년에 완성되었다. 이와 함께 1859년에는 전기 이외의 분야를 다룬『화학과 물리학에서의 실험적 연구』가 출간되었다. 유럽 문화예술계의 거장인 멜빈 브래그(Melvyn Bragg)는 셰익스피어의『제1 작품집』, 뉴턴의『프린키피아』, 스미스의『국부론』, 다윈의『종의 기원』 등과 함께 패러데이의『전기에서의 실험적 연구』를 '세상을 바꾼 12권의 영국산 책'으로 선정한 바 있다.

1850년대에 들어와 영국에서는 땅속으로 전신선을 가설하는 일이 시도되었다. 그것은 지상 전신선에서는 나타나지 않았던 문제를 유발했다. 전기신호가 지하 전신선의 중간에서 더디게 전달되는 신호지연의 문제가 발견되었던 것이다. 패러데이는 1854년에 자신의 장이론(field theory)을 사용하여 신호지연에 관한 과학적 설명을 제공했다. 그는 전신선을 구성하는 절연체의 유도 용량에 따라 신호 전달의 효율성이 영향을 받는다고 진단했다. 이후에는 전신 기술을 개선하기 위해 장이론을 끌어 쓰는 일이 빈번해졌으며, 전기에 관한 학문적 논의도 장이론을 중심으로 전개되는 경향을 보였다.

패러데이는 환경오염의 문제에 대해서도 깊은 관심을 보였다. 그는 국립미술관의 그림을 덮은 더러운 유약이 에탄올로 제거할 수 있다는 점을 알았고, 대영박물관의 많은 조각상과 오브제에 대기

템스강의 오염을 고발하는 패러데이를 풍자한 만화(1855년)

중에 있는 황산의 작용으로 미세한 흠이 생긴다는 점을 밝혔다. 특히 패러데이는 1855년 7월에 ≪타임스≫에 편지를 써서 런던의 주요 식수원인 템스강의 심각한 오염을 고발했다. 예를 들어 그는 카드를 가장자리부터 빠뜨렸을 때 윗부분이 물속에 잠기기도 전에 아랫부분이 보이지 않는다고 꼬집었다. 그것은 수질오염에 내재한 위험을 공개적으로 표명하는 선구적인 시도였다.

패러데이는 어린이들을 위하여 과학 강연을 하거나 실험실 구경을 시켜주는 데도 열정을 보였다. 특히 그는 1860년의 크리스마스 강연에서 양초의 화학이란 주제로 6번의 강연을 실시했고, 그것은 1861년에 『양초 한 자루의 화학사(The Chemical History of a Candle)』로 발간되었다. 책에서 패러데이는 한 자루의 양초를 통해 화학의 토대를 이루는 물질의 특성과 상호작용을 재미있고 쉽게 풀어나갔다. 『양초 한 자루의 화학사』는 당시 과학도를 꿈꾸는 어린이들의 필독서가 되었다.

양초의 화학에 대한 마지막 강연에서 패러데이는 다음과 같이 말했다. "저는 이 강연의 마지막 말로서 여러분의 생명이 양초처럼 오래 계속되어 이웃을 위한 밝은 빛으로 빛나고, 여러분의 모든 행동이 양초의 불꽃과 같은 아름다움을 나타내며, 여러분이 인류의 복지를 위한 의무를 수행하는 데 전 생명을 받쳐 주기를 간절히 바랍니다."

한번은 영국 정부가 패러데이의 업적을 치켜세우며 "웨스트민스터 사원에 묻힐 자격이 있다."며 당시 귀족들만 묻힐 수 있었던 묘지를 지정해 주었다. 그러나 패러데이는 작은 공동묘지에 묻히길

원한다며 이마저도 거절했다. 대신에 그는 "배우지 못해 꿈도 꾸지 못하는 아이들이 과학 강연을 들을 수 있게 지원해 달라."는 청원을 했다.

패러데이는 1867년 8월 25일에 75세의 일기로 생을 마감했다. "나는 만물의 조물주이신 하나님 앞에 엎드려 그분이 나를 자신의 옆으로 불러줄 때까지 그분의 거룩하신 뜻대로 살아왔네." 패러데이가 남긴 마지막 글이었다. 흥미롭게도 1867년에는 여성 과학자의 대명사인 마리 퀴리(Marie Curie)가 태어났는데, 그녀는 패러데이와 마찬가지로 물리학과 화학을 넘나드는 업적을 이루어 두 분야에서 노벨상을 받는 영광을 누렸다.

패러데이에 대해 가장 감동적인 추모사를 썼던 사람은 서두에서 언급한 틴들일 것이다. "패러데이의 친절함과 선량함과 온화함에 대해 우리는 많은 말을 들었습니다. 모두 맞는 말이지만, 여전히

왕립연구소의 패러데이 실험실을 묘사한 그림(1870년)

부족합니다. … 친절하다거나 온화하다는 허약한 말로는 표현할 수 없는 힘과 방향성을 갖추지 못했다면 패러데이의 인격은 그토록 위대하지 못했을 것입니다. … [패러데이는] 고차원적인 자기 규율을 통해 이 모든 불길을 하나의 불빛이자 삶의 원동력으로 치환해 낸 사람이었습니다. … 자신의 영혼을 다스릴 줄 아는 자는 도시의 정복자보다 위대하다고 합니다. … 그는 자신의 영혼을 완벽하게 다스릴 줄 알았고, 그러기에 설령 도시를 정복하지 못했어도, 모든 사람의 마음을 사로잡았던 것입니다."

# 5장

# 새뮤얼 모스
## Samuel Morse

전신 시스템을 개발한 화가

오늘날에는 '지구촌(global village)'이라는 용어가 널리 사용될 정도로 세상이 가까워졌다. 먼 나라에서 현재 무엇이 진행되고 있는지를 거의 실시간으로 알 수 있는 것이다. 그렇다면 지구촌의 시대는 언제 시작되었을까? 아마도 1858년 8월 16일이 아닐까 싶다. 그날 아침에 영국의 빅토리아 여왕과 미국의 뷰캐넌 대통령은 대서양을 횡단하는 해저 케이블을 통해 문안 인사를 주고받았다. 당시에 뷰캐넌은 "하늘의 축복으로 대서양 케이블이 친척 관계에 있는 두 나라 사이에 영구적인 평화를 가져오길 바랍니다."는 메시지를 보냈다. 역사상 전신 기술의 혁신을 선도한 대표적인 인물로는 미국의 화가이자 발명가인 새뮤얼 모스(Samuel Finley Breese Morse, 1791~1872)가 꼽히고 있다.

실용적인 전신 시스템을 개발하여 세계화를 촉진한 새뮤얼 모스

## 과학자와 화가 사이에서

모스는 1791년 4월 27일에 미국 매사추세츠주의 찰스턴에서 신학자의 아들로 태어났다. 모스의 부모는 경건하고 지적인 사람들이어서 집안은 늘 평온했다. 집안 형편도 좋아 모스는 별다른 걱정 없이 자랐다.

1797년에 모스는 초등학교에 입학했는데, 머리가 좋아 2학년으로 월반했다. 그는 그림에 소질이 있어 각종 동물을 살아있는 것처럼 묘사했다. 그러나 아버지는 아들이 그림을 그리는 것을 별로 탐탁하게 생각하지 않았다. 선생님들도 모스에게 그림보다는 과학에 관심을 갖도록 권했다.

모스는 화가와 과학자를 놓고 고민하다가 일단 과학을 공부하기로 결심했다. 그는 명문 고등학교인 필립스 아카데미를 거쳐 예일대학에 진학했다. 대학에서 그는 당시에 새로운 과학 분야로 각광받고 있었던 전기에 대해 공부했다. 그림에 대한 끈도 놓지 않았다. 친구들의 초상화를 그려주기도 했으며 몇몇 전람회에 작품을 출품하기도 했다.

1810년에 대학을 졸업한 모스는 오랜 고민 끝에 화가의 길을 선택했다. 대학의 전공은 아버지의 뜻대로 했으니, 이제부터는 화가로서의 인생을 스스로 개척해 보자는 취지였다. 그는 고향으로 돌아가 서점의 점원으로 일하면서 시간이 나기만 하면 그림을 그렸다. 당시의 유명한 화가인 올스톤(Washington Allston)도 모스의 그림 솜씨를 칭찬해 주었다. 결국 아버지도 화가가 되겠다는 모스의 집념에

모스의 초기 작품인 <죽어가는 헤라클레스(Dying Hercules)>

손을 들고 말았다.

20세가 되던 1811년에 모스는 영국으로 건너갔다. 그는 런던에서 하숙을 하면서 그림과 조각에 매달렸다. 1812년에는 런던에서 개최된 미술전람회에 조각품을 출품하여 입선의 영광을 안았다. 그것을 계기로 모스는 왕립미술아카데미의 회원이 되었다. 모스는 영국의 화단에 점점 이름을 날리게 되었고 그가 그린 그림도 제법 잘 팔렸다.

1815년에 모스는 4년 동안의 유학 생활을 접고 미국으로 돌아왔다. 그는 보스턴에 스튜디오를 차린 후 독립적인 화가로서의 길을 걷기 시작했다. 그러나 유럽에서 배운 역사화는 미국에서 잘 통하지 않았다. 그는 초상화로 전향했지만, 스튜디오를 운영하는 것은 쉽지 않았다. 기껏해야 초상화 몇 점이 주문될 정도였다. 모스는 1818년에 9살 연하인 루크레티아(Lucretia P. Walker)와 결혼했지만 계속해서 생활고에 시달렸다. 두 사람 사이에는 3명의 자녀가 태어났다.

1819년에는 모스에게도 좋은 소식이 들려왔다. 먼로(James Monroe) 대통령의 공식 초상화를 그리는 일을 맡았던 것이다. 그 후 모스는 미국 기술의 아버지로 평가되는 휘트니(Eli Whitney), 미국혁명의 영웅인 라파예트 후작(Marquis de Lafayette) 등과 같은 유명한 사람들의 초상화를 그렸으며, 〈미 하원〉이라는 작품을 비롯해 정치인들의 포스터를 제작하기도 했다. 이러한 그림들이 가치를 인정받고 널리 알려지면서 모스는 미국에서 제법 유명한 화가가 되었다.

모스는 미국의 젊은 화가들을 결집하는 데에도 힘을 보탰다. 그는 1825년에 몇 명의 동업자와 함께 뉴욕에서 미술 동아리를 결성했다. 다음 해에 그 동아리는 국립디자인아카데미로 발전했는데, 모스는 초대 교장으로 임명되었다. 모스는 1827년에 미술을 중심으로 삼고 다른 분야도 포괄한 공개강좌를 주관했다. 그때 콜롬비아대학의 다나(James F. Dana) 교수는 전자기학을 강의했다. 모스는 그 강의를 들으면서 다나 교수와 친분을 쌓고 전기의 특성에 관한 지식을 넓혔다.

이처럼 모스는 활발한 활동을 벌이고 있었지만, 가족들은 잇달아 세상을 떠났다. 1825년에는 아내, 1826년에는 아버지, 1828년에는 어머니가 사망했던 것이다. 모스의 아내는 1825년 2월 7일에 코네티컷주 뉴헤이븐에서 세상을 떠났는데, 모스는 라파예트 후작의 포스트를 그리느라 워싱턴에 머물고 있었다. 당시에 가장 빠른 통신수단은 말이었다. 말을 잘 타는 사람이 나흘 동안 달려 모스의 아버지가 쓴 편지를 전달했으며, 모스는 다시 나흘 동안 마차를 타고 집으로 돌아왔다. 그러나 아내의 장례식은 이미 끝난 상태였다. 이런 경험은 모스가 신속한 통신수단의 필요성을 절실히 느끼는 계기로 작용했다고 한다.

## 텔레그래프의 시작

모스는 1829년에 38세의 나이로 다시 유럽으로 건너갔다. 그동안 지쳐버린 몸과 마음을 회복하자는 생각이었다. 그는 영국, 프랑스, 이탈리아, 스위스 등지를 여행하면서 위대한 화가들의 작품을 연구했다. 여행비가 없을 때는 그림을 팔아 충당하기도 했다. 1831~1833년에 모스는 〈루브르의 갤러리〉를 그렸다. 루브르 박물관에 전시된 유명한 그림들을 모두 모아 하나의 그림으로 만든 작품이었다.

프랑스에서 모스는 샤쁘(Claude Chappe)가 발명한 신호기 시스템(semaphore system)을 목격할 수 있었다. 그것은 까치발 신호기가 달린 탑을 사용했는데, 각각의 탑은 망원경으로 다음 탑이 보일 정도의 거리만큼 떨어져서 세워졌다. 까치발 신호기의 손의 위치가 코드 책에 있는 수를 가리키면 단어나 문장이 만들어질 수 있었다.

당시에 프랑스에는 5백 개가 넘는 신호탑이 세워져 있어서 모든 지역에서 파리까지 신호를 보내는 일종의 국가행정망이 형성되어 있었다. 샤쁘가 신호기 시스템을 처음 시연했던 1791년에 모스

텔레그래프의 시작을 알린 샤쁘의
신호기 시스템

가 태어난 점도 흥미롭다. 서양의 역사에서 샤쁘의 발명은 '텔레그래프(telegraph)'의 시작으로 평가된다. 텔레그래프는 먼 거리로 신호를 보내는 기술을 뜻하는 것으로 이후에 전기적 신호가 사용되면서 '전신(電信)'이란 명칭이 부여되었다.

우리나라의 경우에는 '봉수(烽燧) 시스템'이 구축되어 있었는데, 밤에는 횃불, 낮에는 연기가 사용되었다. 봉수 제도는 삼국 시대부터 시행된 후 조선 세종 때에는 전국적 차원에서 정비되었다. 평상시에는 하나, 적이 바다나 국경에 나타나면 둘, 가까이 오면 셋, 우리 배를 공격하거나 국경을 침범하면 넷, 상륙하거나 전투가 벌어지면 다섯 개의 봉수를 올리도록 했다. 조선 시대에 봉수 신호가 최종적으로 집결되는 장소는 목멱산(남산)이었는데, 거기에는 전국의 주요 봉수로를 담당하는 5개의 봉수대가 설치되어 있었다.

## 운명의 항해

모스는 41세가 되던 1832년에 프랑스 르아브르에서 미국 뉴욕으로 가는 증기선 설리 호에 몸을 실었다. 그 항해가 자신에게 새로운 인생길을 제시해 줄지는 꿈에도 몰랐다. 설리 호에는 보스턴 출신의 아마추어 전기학자인 잭슨(Charles Thomas Jackson)이 타고 있었다. 그는 선상에서의 무료한 시간을 때우기 위해 사람들 앞에서 전자석 실험을 해 보였다. 전류를 통하면 쇠막대기가 자석이 되어 철가루를 끌어당기고, 전류를 끊으면 다시 평범한 쇠막대기가 되는 실험이었다.

설리 호에서 모스는 여러 사람과 함께 잭슨의 실험을 지켜보았다. 곧이어 모스는 잭슨을 찾아가 전자기학에 대한 이야기로 꽃을 피웠다. 그때 모스는 전자석을 이용하면 먼 곳까지 신호를 보낼 수 있을 것이라는 생각을 떠올렸다. 어떻게 하면 효과적인 메시지를 보낼 수 있을까? 수신 신호는 어떤 식으로 남겨야 할까? … 모스는 전신에 대한 아이디어를 가다듬고 그것을 그림으로 표현하기 시작했다.

6주의 항해가 끝난 후에 모스는 완전히 새로운 사람이 되어 뉴욕항에 도착했다. 그는 마중 나온 형제들에게도 전신기에 대한 이야기만 했다. 뉴욕에서 모스는 전신기 연구에 혼신의 힘을 쏟았다. 요즘으로 치면, 화가가 자신의 전공 분야와 무관한 연구소기업을 세운 셈이었다. 미술 선생이 전공을 바꾸었다는 소문이 돌기도 했다.

재산을 몽땅 털어 실험도구를 사 모으는 바람에 모스의 경제적 형편은 말이 아니었다. 미국 의회가 화가를 고용하는 공모에 지원했지만, 보기 좋게 낙방하고 말았다. 당장 끼니가 없는 지경에 이르자 모스는 뉴욕대학에 도움을 청했다. 그는 1835년에 미술과 조각을 담당하는 교수가 되었는데, 정기적인 보수는 없는 자리였다. 그래도 모스는 제법 유명한 화가였기 때문에 그것을 밑천으로 삼아 새로운 기술을 개발하는 데 계속 도전할 수 있었던 셈이다.

## 실용적 전신 시스템의 출현

모스는 여러 궁리 끝에 화실에서 사용하던 도구들을 엮어 나무로 만든 전신기를 제작했다. 모스는 1837년 9월에 전신에 대한 특허 보호신청서(patent caveat)를 제출했으며, 1838년 1월에는 뉴욕대학의 강의실에서 전신에 대한 시연을 실시했다. 당시에 그는 전기신호음의 길이에 따라 긴 것은 줄(dash)로, 짧은 것은 점(dot)으로 표시한 후 그것들을 다양하게 조합하여 각 문자와 기호에 할당하는 부호체계를 고안하기도 했다. 그러나 모스의 초기 전신은 메시지를 10미터밖에 전송하지 못했기 때문에 실제로는 거의 쓸모가 없었다.

모스는 전송 거리를 늘리는 실험을 계속했지만 계속 실패하고 말았다. 그에게는 이러한 문제점을 해결할 수 있는 과학적 능력이 부족했다. 다행히도 두 명의 유능한 과학자들이 모스를 도와주었다. 뉴욕대학의 게일(Leonardo Gale) 교수와 뉴저지대학의 헨리(Joseph Henry) 교수가 그들이었다. 두 사람의 도움 덕분에 모스는 '리피

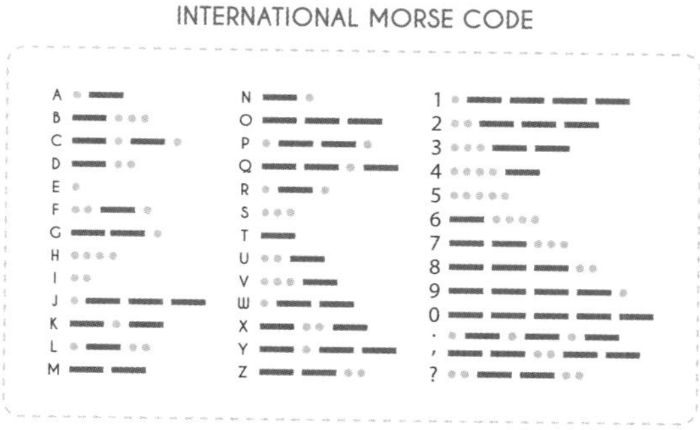

모스의 초기 전신기(왼쪽)와 모스 부호(오른쪽)

터(repeater)'로 칭한 일종의 계전기(relay)를 개발하는 데 성공할 수 있었다. 이어달리기 경주를 하는 것처럼, 메시지를 어느 지점까지 보낸 후 그것을 증폭시켜 다시 보낼 수 있는 장치였다.

사실상 미국에서 전신을 처음 발명한 사람은 모스가 아니라 헨리였다. 헨리는 1831년에 전신에 관한 실험에 성공하고서도 완벽을 기하겠다는 생각에서였는지 특허를 신청하지 않았다. 헨리는 학생을 비롯한 다른 사람들에게 가르치는 일을 즐기는 사람이었고, 모스에게 자신의 연구 결과를 알려주는 데에도 서슴지 않았다. 그러나 모스는 훗날 전신 사업으로 크게 성공한 후에도 헨리의 도움을 인정하지 않았다. 헨리는 강력한 전자석을 발명한 사람으로도 유명하며, 오늘날 그의 이름은 '인덕턴스(inductance)'를 나타내는 단위로 사용되고 있다.

1837년은 쿡(William Fothergill Cooke)과 휘트스톤(Charles Wheatstone)이 영국에서 5자침 전신기(five-needle telegraph)로 특허를 받았던 연도이기도 하다. 그것은 5개의 자침과 6개의 전선으로 구성되어

쿡과 휘트스톤의 5자침 전신기
Cooke and Wheatstone electric telegraph, Science Museum, London, Wikimedia Commons, CC BY-SA 4.0

있었다. 전선에 전류가 흐를 때 그 위에 놓인 나침반의 바늘이 돌아가는 성질을 활용하여 두 개의 바늘이 문자반 위의 특정 글자를 가리키게끔 만든 장치였다. 쿡과 휘트스톤은 철도회사와의 제휴를 바탕으로 1839년에 런던의 패딩턴 역과 웨스트 드레이튼 역을 연결하는 21킬로미터의 전신선을 구축했다. 그것은 세계 최초로 상업화된 전신 시스템으로 평가되고 있다. 그러나 쿡과 휘트스톤의 전신기는 하나의 메시지를 전송하는 데 여러 개의 선로를 필요로 했으며, 속도도 그리 빠른 편이 못 되었다.

1845년에는 전신의 위력을 대중에게 각인시킨 사건이 발생했다. 전신 덕분에 살인범 토웰(John Tawell)을 체포한 사건이었다. 그는 슬로우에서 여자 친구를 죽인 후 런던으로 도망가던 중이었다. 토웰이 "퀘이커 교도와 같은 복장을 하고 있다."는 메시지가 런던으로 보내졌고, 런던역에 나와 있던 경찰은 토웰이 군중 속으로 사라지기 전에 붙잡을 수 있었다. 당시 ≪타임스≫는 "텔레그래프의 유효적절한 도움이 없었더라면, 체포에 시간이 더 걸렸을 것"이라고 보도했다. 이 사건을 계기로 전신은 토웰의 사형에 사용된 밧줄보다 더 유명세를 탔다. 메시지의 속도가 메신저의 속도를 훨씬 앞서는 전신의 위력이 드러났던 셈이다.

모스가 전신 기술을 완성하기 위해서는 자금이 필요했다. 당시에 모스에게 관심을 보인 사람은 뉴욕대학에 다니던 베일(Alfred Vail)이라는 학생이었는데, 그의 아버지는 뉴저지에서 주물공장을 운영하고 있었다. 1837년에 베일은 모스의 공개 실험을 지켜본 후 2천 달러를 투자하여 동업자로 참여했다. 베일은 모스의 전신에서 개선해야 할 점을 제안했으며, 훗날 자신의 공장에서 전신 장비를 생산하기도 했다.

베일의 투자와 지원을 바탕으로 모스는 자석식 전신 시스템을 완성하여 1840년 6월 20일에 특허를 받았다. 발신기에는 누름단추에 해당하는 키(key)를 장착하여 톱니바퀴와 관련된 부속품을 제거할 수 있었다. 전신 키는 전기회로를 열고 닫는 역할을 담당했으

1844년경에 사용된 모스가 최초로 사용한 전신 키
Smithsonian Institution, National Museum of American History. Public domain.

며, 짧게 누르면 점(·), 길게 누르면 줄(—)을 보냈다. 이에 따라 모스는 기존의 전신 기술과 달리 하나의 전선으로 원하는 정보를 전달할 수 있었다. 모스의 전신 시스템에서 가장 독창적인 요소로 평가되는 것은 '모스 부호(Morse code)'이다. 모스 부호는 점과 줄의 조합으로 문자나 기호를 나타내는데, 예를 들어 알파벳 A는 '·—', SOS는 '· · ·— — —· · ·'로 표기된다. 그밖에 지그재그의 궤적을 그리던 연필은 점과 줄을 기록할 수 있는 잉크 펜으로 대체되었다.

## 하느님이 무엇을 이루셨는가?

모스의 전신은 프랑스의 신호기 시스템과 영국의 자침 전신을 넘어섰다. 그것은 노선 1개가 1분당 송수신하는 문자의 수를 비교해 보면 단적으로 드러난다. 신호기 시스템은 10~20개, 쿡과 휘트스톤의 자침 전신은 25개, 모스의 전신은 60개의 문자를 다룰 수 있었다. 그러나 모스의 전신 시스템이 상업화되는 데는 많은 시간이 걸렸다. 사람들은 전신의 필요성을 인식하기 시작했지만, 사업가나 정부가 전신 사업에 선뜻 투자하지 않았던 것이다.

할 수 없이 모스는 다시 그림에 손을 댔다. 프랑스의 화가인 다게르(Louis J. M. Daguerre)가 1839년에 발명한 은판 사진술을 미국에 처음 소개한 사람도 모스였다. 모스는 자신이 직접 사진관을 차려 운영하기도 했다. 그러나 사진관이 여기저기에 생기는 바람에 별다른 재미를 보지는 못했다.

훗날 모스는 당시의 상황에 대해 다음과 같이 썼다. "발명에 성공한 사람은 … 처음에는 불신과 반대에 부딪힌다. 심지어 많은 사람들의 비웃음을 사기도 한다. 그들은 발명가를 미치광이까지는 아니더라도 약간 정신이 나간 사람으로 생각하고 일종의 연민의 눈길을 보낸다. 발명을 진척시키는 동안 발명가는 누구에게도 위안을 얻지 못한다. … 발명가가 의례 겪는 어려움이 끝난 뒤에도 다른 종류의 시험대가 그를 기다리고 있다. 발명의 성공이 확실해 보이고 남아 있는 것은 명예와 이익뿐이라는 점이 명백해지면, 많은 사람은 그 공로를 가로채기 위해 혹은 적어도 자신들의 몫을 주장하기 위해 기다린다."

그러던 중 1843년에는 모스에게 매우 기쁜 소식이 전해졌다. 몇 년 동안 전신에 대한 재정 지원을 놓고 망설이고 있던 미국 상원이 법안을 통과시켰던 것이다. 3만 달러라는 거금을 원하는 대로 사용할 수 있게 된 모스는 노동자들을 고용하여 볼티모어와 워싱턴 사이에 전신선을 설치하는 작업을 추진했다.

이번에는 떠돌이 쟁기 판매상인 코넬(Ezra Cornell)이 모스의 동업자가 되었다. 코넬은 모스의 요청에 따라 땅을 파내고 납 파이프를 놓고 도랑을 메우는 일을 한 번에 할 수 있는 특수 쟁기를 설계했다. 그러나 파이프 안에 든 구리 전선은 합선이 되어 통제하기 어렵다는 문제점이 발생했다. 코넬은 줄지어 늘어선 목재 기둥 위에 전선을 걸쳐 놓는 방식을 제안했고, 이는 성공적인 해법으로 판명되었다. 이처럼 모스의 전신 시스템은 모스 개인의 작품이 아니라 베일, 헨리, 베일, 코넬 등의 협력을 바탕으로 이루어진 성과였다.

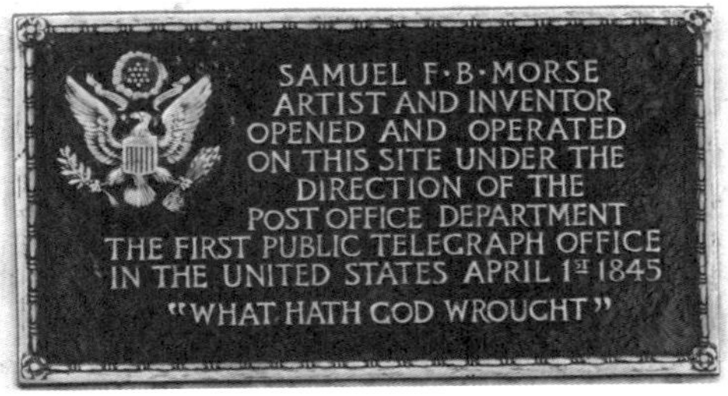


미국 최초의 전신 서비스를 기념하고 있는 명판

드디어 1844년 5월 24일에 모스는 모든 준비를 마치고 역사적인 개통식을 거행했다. 메시지로 선택된 것은 "하느님이 무엇을 이루셨는가(What hath God wrought)"라는 짧은 문장이었다. 모스는 워싱턴에서 누름단추로 이 메시지를 두드렸다. 볼티모어에 있던 베일은 그 메시지를 듣고서 곧바로 모스에게 답장을 보냈다. 개통식에 참석한 사람들은 모스의 전신기에 대해 "하느님이 만드신 것"이라고 극찬했다. 미국 최초의 장거리 전신서비스에 성공하면서 모스는 10여 년의 긴 여정을 만족스럽게 끝낼 수 있었다. 당시의 나이가 53세였으니 모스는 글자 그대로 대기만성형의 발명가였던 셈이다.

모스는 자신의 특허권을 미국 정부에 팔려고 했다. 정부가 공공사업으로서 전신 시스템을 구축하기를 원했던 것이다. 그러나 미국 정부는 전신에 거금을 투자하는 것을 망설였고, 결국 베일에게 운영권을 넘기고 말았다. 모스는 1845년에 켄달(Amos Kendall)이라는 대리인을 통하여 마그네틱 전신회사(Magnetic Telegraph Company)를 설립했다. 그 회사는 뉴욕을 중심으로 필라델피아, 보스턴, 버펄로 등으로 향하는 전신선을 구축하는 사업을 벌여 나갔다.

1845년의 한 사건은 전신의 가치를 빛나게 했다. 볼티모어에서 민주당 전당대회가 열렸는데, 라이트(Cyrus Wright) 상원의원이 부통령 후보로 지명되었다. 베일은 그 소식을 워싱턴에 있었던 모스에게 전신으로 보냈고 모스는 라이트를 찾아가 그것을 알려주었다. 그런데 라이트는 부통령으로 입후보할 뜻이 없다고 했다. 모스는 그 사실을 다시 베일에게 전신으로 알렸고 그 메시지는 곧바로 대회장으로 전달되었다. 대회장이 술렁거리는 가운데 대표가 선출되어 기차를 타고 라이트를 직접 찾아가 사실 여부를 확인하기에 이르렀다. 결과는 전신으로 알려진 내용과 똑같았다. 전국의 신문들은 이 사건을 톱기사로 다루었다.

이보다 더욱 중요한 사건은 1846년에 발발한 멕시코 전쟁이었다. 이전에는 멕시코에서 미국으로 소식을 전하는 데 7일 정도가 소요되었던 반면, 모스의 전신 덕분에 멕시코 전쟁에 관한 소식은 거의 실시간으로 보도될 수 있었다. 언론 보도는 전쟁에 대한 사람들의 호기심을 증폭했으며, 그렇게 증폭된 호기심은 더 빠른 뉴스를 요구했다. 이런 측면에서 멕시코 전쟁은 '역사상 최초의 미디어 이벤트'로 평가되기도 한다. 멕시코 전쟁을 계기로 언론사들은 전신을 사용하는 주된 고객으로 부상했다. 당시에 언론사들은 경제적 비용을 줄이기 위해 전신 서비스를 공동으로 이용할 수 있는 회사를 세웠다. 그것이 바로 1846년에 설립된 AP(Associated Press) 통신사이다.

모스는 1848년에 사라(Sarah E. Griswold)와 재혼했다. 당시 모스는 55세, 사라는 26세였다. 사라는 듣고 말하는 데 장애가 있었지만, 모스는 사라를 잘 이해하고 사랑했다. 그들 사이에는 4명의 자녀가 태어났다. 첫째 부인에서 태어난 3명을 합치면 모스의 자녀는 모두 7명이나 되었다. 모스는 뉴욕의 허드슨 강 부근에 근사한 집을 지어 가족들과 행복하게 살았다.

## 전신 서비스의 상업화

미국에서는 1840년대 후반부터 엄청난 전신 붐이 생겨났다. 1844년에는 워싱턴과 볼티모어를 잇는 64킬로미터의 전신선이 전부였지만, 불과 2년 후인 1846년에는 30배에 달하는 1,900킬로미터로 늘어났다. 1854년에는 다시 30배가 늘어나 미국 전신선의 총 연장이 5만 킬로미터에 육박했다. 불과 10년 만에 지구를 한 바퀴 돌고도 남을 전신선이 미국에 부설되었던 셈이다. 수많은 기업들이 흥망성쇠를 거듭하는 가운데 1866년에는 웨스턴 유니온 전신(Western Union Telegraph)이라는 대규모 합병기업이 출현하여 1890년대까지 미국의 전신 서비스를 거의 독점했다.

미국에서 전신망이 확장되는 과정에서 가장 주목할 사건은 1861년에 대륙을 횡단하는 캘리포니아선이 완성되었다는 점이다. 이 전신망이 구축되기 전에 미국 동부와 서부 사이에 메시지를 전달하는 가장 빠른 방법은 '포니 특급(pony express)'이었다. 포니 특급은 말을 탄 사람들에 의해 중계되는 것으로 대륙을 횡단하는 데 10일이 걸렸다. 그러나 캘리포니아선이 완성되면서 즉각적인 메시지 전달이 가능해지자 포니 특급을 빠른 속도로 자취를 감추었다. 이와 같은 신속한 의사소통이 "미국의 모든 국민을 하나로 묶어주고 분열을

포니 특급에 관한 우표(1860년)

막아 줄 것"으로 기대하는 사람들도 생겨났다.

언론사가 전신의 첫 고객이었다면 다음 고객은 군대였다. 1861~1865년에 전개된 남북전쟁은 전신 선로를 통해 신속하게 전달된 정보에 의거하여 군사전략이 수립된 최초의 전쟁이었다. '육하원칙'이라는 독특한 문체도 남북전쟁 시기의 전신 때문에 발달했다고 한다. 남북전쟁 동안에 전신선이 자주 절단되자 기자들이 이전과 같은 산문체 스타일을 버리고 육하원칙에 입각한 기사를 쓰기 시작했던 것이다.

언론사와 군대에 이어 철도회사도 전신을 적극 활용했다. 철도회사들은 전신 덕분에 열차시간에 대한 정보를 신속히 전달하여 기차의 운행을 원활하게 통제할 수 있었다. 또한 기차역에 대기 중이던 선주는 전신을 통해 기차에 실린 화물의 양을 미리 알 수 있었기 때문에 배가 화물칸을 모두 비우고 기다리는 낭패를 면할 수 있었다. 특히 철도의 전국적 확산은 미국 전역에 전신망을 구축할 수 있는 기회를 제공했고, 철도 노선을 따라 전신주가 세워지고 전신선이 설치되는 진풍경이 연출되었다.

주식시장과 일반인도 가세했다. 주식시장에서는 주식의 가격을 전달하고 고객의 주문을 받는 데 전신이 활용되었다. 일반인들은 전보(telegram, 전신을 이용한 문서배달 서비스)를 통해 중요한 소식이나 짤막한 소식을 전했다. 오늘날에도 사용되고 있는 '축전(祝電)'이란 용어가 축하의 뜻을 나타내기 위해 보내는 전보에서 유래되었다는 점도 흥미롭다. 전신이 확산되는 과정은 기술의 용도가 처음부터 분명히 정해지는 것이 아니라 사람들이 그 기술을 계속 사용하면서 만들어진다는 점을 잘 보여주고 있다.

초기의 전보에 대해서는 오해가 난무했다. 텅 빈 전신선 속으로 편지가 보내진다고 생각한 사람들도 있었고, 전신선을 통해 액체 상태의 메시지가 흐른다고 생각한 사람들도 있었다. 한 번은 미국의 메인주에 사는 사람이 전신 사무소를 찾아가 전보용지에 내용을 적은 뒤 곧바로 보내줄 것을 요청했다. 전신 기사는 전신기 앞에 앉아 주어진 내용을 모스 부호로 바꾸어 전보를 보냈다. 그러자 손님은 전신기 앞에 놓인 전보문을 보고 "왜 당장 보내지 않는 거요?"라고 항의했다. 전신 기사가 "이미 보냈다"고 하자 손님은 다음과 같이 말했다. "무슨 소리요? 지금 기계 앞에 있지 않소?"

전신 서비스가 급속히 확장되면서 모스는 미국에서 손꼽히는 부자가 되었다. 그는 말년에도 전신과 사진을 계속 연구했다. 뉴욕대학과 예일대학을 비롯한 교육기관에 많은 기부를 했으며 가난한 예술가들을 돌보는 데도 힘을 보탰다. 모스의 업적을 기리기 위하여

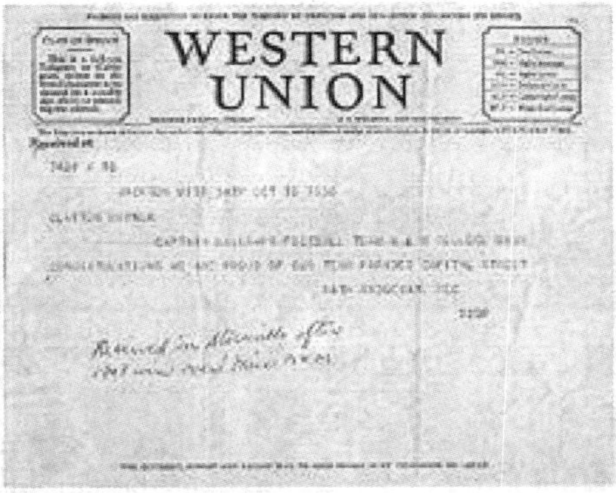
WESTERN UNION

일반인들이 사용한 웨스턴 유니온 사의 전보용지(1930년)

세계 각국의 대학과 정부는 앞을 다투어 명예박사학위나 훈장을 수여했다. 1867년에는 모스가 파리 박람회에 미국 대표단으로 참가했으며, 1871년에는 뉴욕의 센트럴 파크에 모스의 동상이 세워지기도 했다.

1871년 6월 10일은 모스에게 매우 영광스러운 날이었다. 세상을 뒤덮은 전신이 각종 뉴스를 실시간으로 전달하게 되면서 '새뮤얼 모스의 날'이 제정되었던 것이다. 당시에 뉴욕시는 모스를 초청해 직접 타전을 부탁했다. 모스는 "하늘엔 영광, 땅에는 평화, 사람들에게는 사랑을"이란 메시지를 전 세계로 보냈다. 그 메시지를 받은 런던, 뭄바이, 상하이 등 세계 각 지역에서 뉴욕으로 축전을 다시 보냈다. "이 모든 것이 당신이 계몽의 빛으로 전 지구를 뒤덮었기 때문에 가능한 일이었다."

1872년에는 존 개스트(John Gast)가 〈미국의 진보(American Progress)〉라는 그림을 선보였다. 서부로 향하는 철도를 따라 기차가 달리고 있고, 마차를 타거나 걸어서 가는 사람들도 보인다. 미국인

존 개스트의 <미국의 진보>(1872년)

들의 진격으로 쫓겨나는 인디언들의 모습도 담겨져 있다. 그림의 주인공인 진보의 여신은 서부로 향하는 개척민들을 이끌고 있는데, 흥미롭게도 여신의 오른손에는 책이, 왼손에는 전신선이 들려져 있다. 이처럼 당시 미국인들에게는 전신이나 철도와 같은 기술이 진보와 개척의 의미를 지녔던 것이다.

모스는 1872년 4월 2일에 81세의 생일을 앞두고 조용히 세상을 떠났다. 당시에 그의 재산은 50만 달러(현재로는 약 1,300만 달러) 정도로 평가되고 있다. 뉴욕대학은 모스의 유언에 따라 물리학에 뛰어난 학생에게 매년 메달과 상금을 수여하고 있다. 모스는 1975년에 국가 발명가 전당(National Inventors Hall of Frame)에 헌정되었다.

새뮤얼 모스의 손자인 에드워드(Edward)는 할아버지에 대해 다음과 같이 회고한 바 있다. "그는 사랑하는 사람들의 소식을 모를 때면 걱정이 태산 같았다. 그는 신속한 커뮤니케이션이 전쟁과 물자의 낭비를 피할 수 있게 할 뿐만 아니라 임종이 가까운 아내 곁에 남편을 데려올 수 있게 하고 사랑하는 자식의 목숨을 구할 수 있게 한다고 생각했다. 또한 도주한 범인을 체포한다든가 무고한 사람의 죄를 면하게 하는 데에도 전신이 기여할 수 있다고 생각했다."

## 국제적 네트워크를 구축한 전신

서두에서 언급했듯, 대서양을 횡단하여 유럽과 미국을 잇는 전신선은 1858년에 처음 개통되었다. 그러나 최초의 대서양 횡단 케이블은 3개월 후에 종말을 고하고 말았다. 케이블을 통해 전달되는 신호가 약하고 잡음이 많아 제대로 사용할 수 없었기 때문이었다. 그 후 수많은 과학자들과 기술자들의 노력 끝에 1866년에는 대서양을 횡단하는 케이블이 성공적으로 구축되었고, 그것은 약 100년 동안 유럽과 미국을 연결하는 핵심적인 통신시설로 활용되었다.

대서양 횡단 전신사업에 크게 기여한 윌리엄 톰슨(William Thomson)은 1866년에 귀족 작위를 받아 켈빈 경(Lord Kelvin)이 되었다. 영국의 과학자 중에 귀족작위(Lord)를 처음 받았던 것인데, 기사작위(Sir)가 처음 수여된 사람은 아이작 뉴턴이다. 대서양 횡단 전신사업이 한창 추진되고 있던 1865년에 전신의 절차와 가격에 대한 국제적 표준을 정하기 위해 국제전신연합(International Telegraph Union)

이 출범했다는 점도 주목할 만하다. 그것은 1947년에 국제연합(UN) 산하의 기구인 국제전기통신연합(International Telecommunication Union, ITU)으로 변경되어 오늘에 이르고 있다.

전신 사업이 활성화되면서 세계적인 통신사도 모습을 드러냈다. 1835년에 프랑스의 아바스(Havas)가 설립되는 것을 시작으로 미국의 AP(1846년), 독일의 볼프(Wolff, 1849년), 영국의 로이터(Reuters, 1851년), 미국의 UP(United Press Association, 1907년)가 그 뒤를 이었다. 두 차례의 세계대전을 겪으면서 수많은 통신사가 흥망성쇠를 경험하는 가운데 1944년에 아바스는 AFP(Agence France-Presse)로, 1958년에 UP는 UPI(United Press International)로 거듭났고, 오늘날에는 AFP, AP, 로이터, UPI가 세계 4대 통신사의 구도를 형성하고 있다.

전신은 제국주의적 침탈의 도구로 사용되기도 했다. 영국, 독일, 프랑스와 같은 유럽의 제국주의 국가들은 해저 전신을 매개로 식민지를 효과적으로 통치할 수 있었다. 이전에는 본국과 식민지의 통신에 엄청난 시간이 걸렸기 때문에 본국에서 임명한 총독에게 사실상의 전권이 부여되었다. 그러나 19세기 말에 국제적 통신 속도가 빨라지면서 식민지에 대한 본국 정부의 직할 통치가 가능해졌다. 전신 덕분에 원하는 장소에 가장 비싼 값으로 물건을 옮길 수 있었고, 정치적으로 중요한 사안도 적절한 시점에 결정되고 전파될 수 있었던 것이다. 전신의 국제적 팽창은 제국주의가 확장한 결과인 동시에 제국주의를 더욱 강화하는 동인으로 작용했다.

19세기가 막을 내릴 무렵에 전신은 다양한 요소들을 잇는 강력한 네트워크로 부상했다. 어떤 이상한 사고가 일어나 전신선에 문

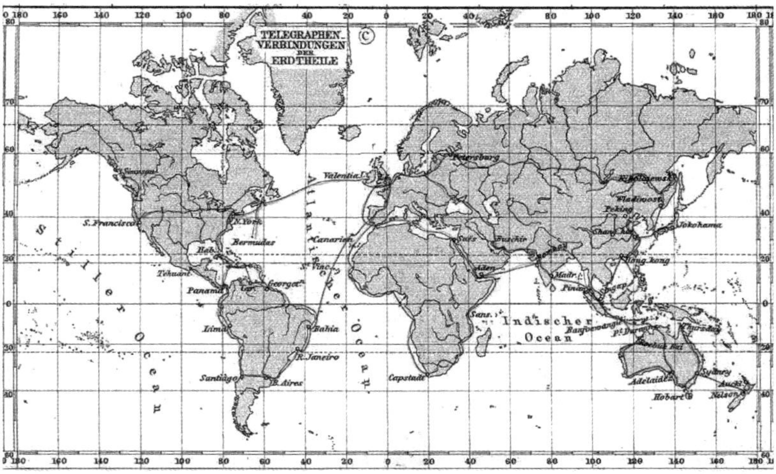

세계 각국을 잇는 주요 전신선에 대한 지도(1891년)

제가 발생하면, 국민의 생활 전체가 마비되는 상황을 맞이할 터였다. 기차는 운행을 중단하고, 지사를 둔 기업은 활동을 멈추며, 신문은 기사를 싣지 못하고, 주식시장은 문을 닫아야 하며, 멀리 떨어진 가족은 중요한 소식을 교환하지 못하게 되는 것이다. 전신은 인간사회의 여러 활동을 서로 연결해 주었고, 사람들이 전신에 의존하는 정도는 더욱 심화되었다. 이러한 맥락에서 전신은 오늘날의 인터넷에 빗대어 '19세기의 인터넷'으로 평가되기도 한다.

# 6장

# 귀스타브 에펠
## Gustave Eiffel

파리의 상징을 만든 철의 마술사

올림픽, 월드컵과 함께 세계 3대 축제로 꼽히는 것은 세계박람회(World's Fair)이다. 세계박람회는 오랫동안 만국박람회(Universal Exposition)로 불리기도 했으며, 흔히 '엑스포(EXPO)'로 약칭되고 있다. 기술의 역사에서 중요한 3대 박람회를 꼽는다면, 1851년의 런던 박람회, 1889년의 파리 박람회, 1893년의 시카고 박람회를 들 수 있다. 그렇다면 1889년 파리 박람회를 위해 특별히 제작된 건축물은 무엇일까? 그것은 바로 에펠탑이다. 에펠탑을 통해 프랑스의 엔지니어인 귀스타브 에펠(Alexandre Gustave Eiffel, 1832~1923)은 세계적인 저명인사로 등극했다. 그의 이름이 담긴 에펠탑은 지금도 파리를 상징하는 명소로 각광받고 있다.

기술, 예술, 과학을 두루 섭렵했던 귀스타브 에펠

## 화학을 좋아한 에펠

귀스타브 에펠은 1832년 12월 15일에 부르고뉴 지방의 주도인 디종에서 태어났다. 1남 2녀 중 첫째였다. 아버지 알렉상드르 에펠은 군인 출신으로 지방정부의 행정관을 맡고 있었고, 어머니 카트린 멜라니는 목재상의 딸이었다. 귀스타브에게는 두 살 터울의 누이동생 마리와 로르가 있었다. 귀스타브가 태어나던 해에 부르고뉴 지방에는 운하가 완성되어 산업화가 본격적으로 진행되고 있었다.

에펠은 중산층 가정에서 평화로운 유년기를 보냈다. 초등학교 시절에는 평범한 학생에 지나지 않았다. 디종의 루이얄 학교를 다닐 때는 학업에 불만이 많았던 것으로 전해진다. 학교에서 가르치는 것은 지겹기 짝이 없었고, 암기하라고 하는 것은 쓸모가 없어 보였다. 그래도 마지막 두 해에는 역사 선생님과 문학 선생님 덕분에 공부에 취미를 붙일 수 있었다. 두 분의 선생님은 에펠에게 그동안 낭비한 시간을 보충하려면 열심히 공부해야 한다고 설득했다. 결국 에펠은 바칼로레아에 합격해 인문대학과 이과대학에 입학할 수 있는 자격을 얻었다.

청소년 시절의 에펠에게 큰 영향을 미친 사람은 삼촌 모렐라(Jean-Baptiste Mollerat Eiffel)였다. 삼촌은 화학에 특별한 재능을 가지고 있었으며 디종에서 식초와 주정을 증류하는 공장을 운영하고 있었다. 에펠은 삼촌을 따라다니면서 과학의 실용적 가치를 배웠다. 에펠은 삼촌을 통해 미셸 페레(Michel Perret)도 알게 되었다. 페레는 제법 유명한 화학자로 리옹 근처에 광산을 소유하고 있었다. 페레는 에펠에게 공업화학을 가르쳐 주었으며, 최면술이나 생시몽주의에도 관심을 갖도록 했다. 에펠이 나중에 화학을 전공으로 선택한 것도 모렐라 삼촌과 페레의 영향이라 볼 수 있다.

에펠은 18세가 되던 1850년에 파리로 향했다. 2년 동안 콜라주 생트 바르브(Collège Sainte-Barbe)에서 공부하기 위해서였다. 파리는 활기가 넘치는 도시였다. 에펠은 여러 문화 공연을 즐겼고 가끔 최면술 모임에도 나갔다. 발랄한 영국 소녀들과 춤을 추는 것이 너무도 즐겁다는 편지를 어머니에게 보내기도 했다. 당시에 에펠은 학업에는 큰 신경을 쓰지 않았는데, "106명 중에 43등을 한 것에 만족한다."는 편지를 쓴 적도 있었다.

2학년이 되어 에펠은 에콜 폴리테니크(École polytechnique)의 입학에 필요한 수료증을 따는 시험을 치렀다. 그는 시험을 잘 치렀다고 생각했지만, 감독관들 사이에 이견이 생기는 바람에 추가 면접을 보았다. 결국 에펠은 중앙공예학교(École Centrale des Arts et Manufactures) 입학에 필요한 허가증을 얻는 데 만족해야 했다. 중앙공예학교는 낭트 출신의 사업가이자 변호사인 라발(Alphonse Lavallée)이 1829년에 설립된 학교로 '공장과 방앗간의 박사'를 키우는 것을 목

CENTRALE PARIS

중앙공예학교의 로고. 중앙공예학교는 2015년에 폐교된 후 공예박물관으로 조성되었다.

표로 삼고 있었다. 에펠은 얼마 지나지 않아 이론 중심의 에콜 폴리테니크보다 실습 위주의 중앙공예학교가 자신의 적성에 잘 맞는다고 생각했다.

중앙공예학교는 매우 빡빡한 교과과정을 운영하고 있었다. 1년에 단지 이틀만 쉴 수 있었고 규율도 엄격했다. 또한 중앙공예학교는 폭넓은 교육과정을 마련하여 학생들이 전공 이외의 다양한 과목들도 함께 공부하도록 조치했다. 에펠은 그리 두각을 나타내진 않았지만 꾸준하고 성실하게 학업을 이어갔다. 흥미롭게도 1학년 때 에펠의 성적이 낮았던 과목은 기술 도안이었다고 한다. 2학년이 되면서 야금술, 기계학, 토목공학, 화학 중에서 전공 분야를 정해야 했는데 에펠은 화학을 선택했다. 이러한 선택이 삼촌 모렐라의 공장을 이어받고자 하는 실용주의적 결정이라는 해석도 있다. 자식이 없었던 삼촌은 자신의 식초 공장을 에펠에게 물려주려고 했던 것이다. 그러나 이러한 기회는 아버지와 삼촌의 사이가 벌어지면서 물거품이 되고 말았다. 에펠은 대학을 졸업한 후 삼촌 회사에 취직하고 싶었지만, 가족의 반대로 포기할 수밖에 없었다.

## 철의 세계에 입문하다

에펠이 중앙공예학교를 졸업한 1855년은 프랑스 최초의 만국박람회(만박)가 개최되었다. 세계 최초의 만국박람회는 1851년에 런던에서 개최된 수정궁 박람회였다. 2년 후에는 더블린과 뉴욕에서도 소규모의 박람회가 개최되었는데, 이들은 모두 수정궁을 소형화한 회장을 설치하는 등 1851년 박람회를 답습하는 정도에 지나지 않았다. 이에 따라 런던 만국박람회의 진정한 후계자는 1855년에 개최된 파리 만국박람회로 평가되고 있다. 입장객 수에서 런던, 더블린, 뉴욕, 파리 박람회는 각각 600만 명, 116만 명, 125만 명, 520만 명을 기록했다.

특히 1855년 파리 박람회는 나폴레옹 3세가 영국의 1851년 박람회를 능가하기 위해 자신의 위신을 걸고 준비했던 행사였다. 중심 회장은 길이 250미터에 폭이 110미터, 높이가 35미터에 달하는 '산업의 궁전'이었는데, 그것은 철을 골격으로 삼고 둥근 유리 지붕을 단 건물이었다. 1855년 파리 박람회에서는 산업박람회와는 별도로 예술박람회도 개최되어 프랑스의 예술 수준이 과시되었다. 이와 함께 보르도 와인에 대한 등급 체계를 만들어 최고급 보르도 와인을

1855년 파리 박람회의 중심 회장인 '산업의 궁전'으로 바로(Alexis Barrault)와 필(Jean-Marie-Victor Viel)이 설계했다.

시음할 수 있는 기회를 제공했다.

많은 사람이 1855년 파리 박람회를 관람했다. 에펠도 어머니가 구입해 준 입장권으로 박람회를 즐겼다. 당시 23세의 청년이던 에펠은 철의 쓰임새를 눈여겨보면서 철이 매우 중요한 재료가 될 것이라는 점을 꿰뚫어 보았다. 이런 식으로 1855년 파리 박람회는 한 화학도의 운명을 바꾸어 놓았다. 산업의 궁전에 접한 에펠은 주저하지 않고 주철 공장을 운영하던 처남을 찾아가 그의 도제로 들어갔다. 에펠은 주철 사업에 필요한 기술, 경영, 재정 등을 가능한 한 많이 배우려고 노력했다. 이와 함께 에펠은 자신의 인생을 바칠 수 있는 직장을 모색하기 시작했다.

1856년 2월에 에펠은 파리 북쪽의 생토퀴스탱에 위치한 샤를 누보(Charles Nepveu)의 작업장에 찾아갔다. 누보는 프랑스 토목공학회의 회원으로 철도 엔진과 차량을 설계하고 제작하는 일을 하고 있었다. 그는 에펠에게 월급 150프랑의 개인 비서직을 제안했고, 에펠은 이를 좋은 기회로 받아들였다. 두 사람은 금세 친해졌으며 밤늦게까지 함께 작업했다. 에펠은 철에 관한 서적을 찾아 열심히 공부했고, 일요일에는 광산학교에서 경제학에 관한 개인 교습을 받기도 했다.

그러던 중 누보가 15일 동안 행방불명이 되는 사태가 발생했다. 그의 사업이 파산 상태에 이르렀던 것이다. 에펠은 돈도 받지 않으면서 누보의 곁을 지켰다. 이에 대한 보답으로 누보는 에펠에게 서부철도회사를 소개해 주었다. 1856년 8월에 에펠은 125프랑의 월급을 받으면서 철도 교량을 설계하는 일을 맡았다. 그가 처음으로 설계한 생제르맹 철도의 22미터짜리 교량 안은 순조롭게 통과되었다. 한편 누보의 회사는 벨지 철도회사에 매각되었는데, 다행스럽게도 누보가 파리 작업장을 관리하는 일을 맡았다. 누보는 다시 에펠을 불러들였고, 에펠은 월급 250프랑을 받는 연구실장이 되었다.

## 가론강을 가로지르는 철교

1857년에 들어와 누보는 철교를 건설하는 계약에 공을 들였다. 파리와 보르도 사이의 철도 노선 중에서 가론강을 가로지르는 철교였다. 당시의 승객들은 바스티드 역 종점에서 기차를 내려 마차나 도보를 통해 오래된 석교로 강을 건넌 후 미디 역에서 다른 기차를 갈아타야만 했다. 1840년대 이후에 세계 각국은 철도의 건설과 기차의 제작에 많은 노력을 기울였지만, 기차가 교통수단으로서 온전한 의미를 가지기 위해서는 강을 가로지르는 철교가 필요했던 셈이다.

가론강 철교에 대한 계약은 1858년 1월에 체결되었는데, 그것은 만만치 않은 업무를 담고 있었다. 빠르고 거친 물살 위에 24미터 교각을 6개 세우고 그 위에 500미터의 철교를 세우는 일이었다. 1799년에 완공된 아이언브리지의 길이가 42.7미터였으니 가론강 철교는 그것의 12배에 달하는 규모였다. 에펠은 처음에 금속 조립을 총괄하는 일을 맡았지만, 1860년 3월에 누보가 회사를 사임하면서 프로젝트의 전 과정을 책임지게 되었다.

에펠은 가론강 철교를 건설하면서 케이슨(뚜껑이 없고 속이 비어 있으며 방수가 되는 방) 공법을 도입했다. 직경이 1.8미터인 원통 모양의 케이슨을 강바닥에 박으면, 압축된 공기가 방에 들어가고 압력이 외부 수압에 맞춰 조정되는 식이었다. 매우 빡빡한 일정 속에서도 공사는 원래 계획했던 2년 만에 완료되었다. 한번은 리벳공이 점심시간에 술을 마신 뒤 작업을 하다가 가론강에 빠지는 사고가 발생했는데, 에펠이 즉각 옷과 구두를 벗어 던지고 빠른 물살 속으로 뛰어들어 리벳공을 구했다. 가론강 철교가 완성되자 작업 인부들은 에펠에게 존경의 표시로 메달을 선사하기도 했다. 1860년 9월에 벨지 철도회사는 에펠을 책임 엔지니어로 임명했다. 그의 연봉은 9천 프랑으로 올랐고 그가 감독하는 공사 수익의 5%를 가질 수 있었다. 당시 에펠의 나이는 27세에 불과했다.

가론강 철교 완공 소식이 신문에 실리면서 에펠은 일약 유럽에서 주목받는 '교량 엔지니어'가 되었다. 크고 작은 철교를 설계해 달라는 주문이 밀려들었다. 에펠은 1862년 7월 2일에 디종 출신의

가론강 위에 설치된 보르도 철교

마리 고드레(Marie Gaudelet)와 결혼식을 올렸다. 그녀는 에펠의 여동생과 이름이 같아 '마리' 대신에 '마르크리트'로 불렸다. 결혼 직후 에펠은 클리시 작업장 감독으로 다시 승진하여 1만 2천 프랑의 연봉을 받았다. 에펠 부부 사이에는 3남 2녀가 태어났다.

## 독자적 사업의 전개

1866년 12월에 에펠은 건축사무소 '르발루아 페레(Levallois-Perret)'를 차렸다. 파리 시내에는 마땅한 부지가 없어 르발루아 시를 선택했지만, 작업장 부지가 기차역과 가까워 물류에는 아무런 문제가 없었다. 에펠이 사무소를 차리고 수주한 첫 번째 프로젝트는 리옹과 보르도 사이의 철도 노선 중에서 고가 철교를 건설하는 일이었다. 르발루아 페레는 2011년에 귀스타브 에펠 도서관으로 단장되었는데, 그 벽면에는 "이곳에서 귀스타브 에펠이 거대한 철제 구조물을 만들어 냈다."는 문구가 적혀 있다.

1868년 10월에 에펠은 중앙공예학교 동문인 세이리그(Théophile Seyrig)와 함께 '에펠과 시에(Eiffel et Cie)'라는 회사를 설립했다. 프랑스는 제2제정의 위상이 추락하는 가운데 1871년의 파리코뮌, 1875년의 제3공화정으로 이어지는 정치적 격동기를 보내고 있었고, 에펠의 회사는 설립 후에 상대적으로 작은 규모의 공사를 담당하면서 명맥을 유지하는 정도에 불과했다. 그러던 중 1875년에 에펠은 두 개의 중요한 프로젝트를 수주했는데, 하나는 부다페스트 중앙역의 터미널을, 다른 하나는 포르투갈 두로강을 가로지르는 철교를 건설하는 것이었다.

에펠은 부다페스트 기차역을 건설하면서 매우 혁신적인 디자인을 도입했다. 당시의 통상적인 기차역은 화려한 석제 피사드(건축물의 주된 출입구가 있는 정면부) 뒤에 철제 구조물을 숨기는 방식으로 설계되었다. 이에 반해 에펠은 철제 구조물을 기차역의 중심에 놓고 전면적으로 노출시켰다. 기차역의 양옆에는 석재와 벽돌로 업무 사무실을 건립했다.

두로강 철교 프로젝트는 왕립 포르투갈 철도회사의 공모전을 거쳐 진행되었다. 두로강의 경우에는 유속이 빠르고 수심이 20미터가 넘으며 강바닥이 사력층으로 이루어져 있어 강바닥에 축대를 박는 것이 불가능했다. 에펠은 상판을 다섯 개의 철심으로 지탱하고

포르투갈 두로강에 놓인 마리아 피아교

두 개의 교대(橋臺)가 중앙 아치를 받치는 설계안을 제출했다. 건설 비용은 96만 5천 프랑으로 공모 응시가 중에서 최저가였다. 두로강 철교 공사는 1876년 1월에 시작되어 1877년 10월에 완료되었다. 개통식에는 국왕 루이 1세와 왕비 마리아 피아가 참석했는데, 루이 1세는 다리 이름을 '마리아 피아교'로 명명했다.

에펠은 37세가 되던 1879년에 세이리그와의 동업관계를 청산하고 회사명을 에펠 건설회사(Compagnie des Établissements Eiffel)로 바꾸었다. 당시에 에펠은 봉 마르셰 백화점의 확장공사를 맡아 파리 시내에서 철골이 드러난 건축물을 선보였다. 봉 마르셰 백화점은 1852년에 설립된 이후 정찰제를 고집하는 것으로 유명세를 떨쳤으며, 지상 5층 지하 2층으로 재탄생하기 위한 공사를 진행하고 있었다. 에펠은 바빌론 가의 마지막 매장을 위한 골조 공사를 맡았다. 그는 건물 본체에서는 철근 골조를 노골적으로 드러내지 않고 석재 마감과 결합시켰던 반면 천장의 경우에는 대담하게도 철골을 스테인드글라스의 테두리로 사용하는 미학을 선보였다.

1879년에 에펠이 수주한 최대의 프로젝트는 가리비 고가철교를 건설하는 것이었다. 남프랑스의 트뤼에르 강을 가로지르는 가리비 철교는 강 수면에서 122미터 높이에 떠 있는 길이 565미터의 아치형 철교에 해당한다. 가리비 철교는 마리아 피아교와 현장 여건이 비슷했지만 마리아 피아교의 2배가 되는 높이에 설치해야 하는 난점을 가지고 있었다. 에펠은 가리비 철교 공사를 진행하면서 쾨클랭(Maurice Koechlin)과 누기에(Émile Nouguier)의 도움을 받았다. 쾨클랭은 취리히 공대를 졸업한 패기 넘치는 청년이었고, 누기에는 마리아

피아교 건설부터 에펠과 함께 했다. 쾨클랭과 누기에는 훗날 에펠탑 프로젝트에도 참여하게 된다.

1879년에 에펠은 독자적인 사업을 전개했을 뿐만 아니라 표준화된 조립식 교량 시스템을 구축했다. 철교를 건설하는 지역은 교통이 불편한 경우가 많은데, 표준화된 작은 부품을 미리 만들면 운송이 용이해지고 건설 현장에서는 작은 부품들을 순서대로 조립만 하면 되는 것이었다. 이러한 조립식 시스템은 에펠이 이루어낸 가장 중요한 혁신으로 평가되기도 하며, 이를 통해 그는 세계 각지에서 진행된 철교 건설 프로젝트를 거의 독점적으로 수주할 수 있었다. 르발루아 공장에서 제작한 부품들을 기차로 실어 항구로 옮기고 다시 배에 실어 건설 현장으로 보낸 후 조립했던 것이다. 에펠은 엄청난 부자가 되었고, 그의 명성은 하늘을 찌르는 듯했다.

미국 뉴욕의 리버티 섬에 우뚝 서 있는 '자유의 여신상(Statue of Liberty)'에도 에펠의 숨결이 녹아 있다. 자유의 여신상은 미국 독립 100주년을 기념해 프랑스에서 기증한 것으로 프랑스와 미국의 끈끈한 우정을 상징한다. 프랑스의 조각가 바르톨디(Frederic Bartholdi)는 1875년부터 여신상을 준비해 오다가 1881년에 에펠에게 도움을 청했다. 에펠은 여신상 내부의 철골 구조를 설계한 후 르발루아 공장에서 구조물을 만들었다. 자유의 여신상은 1884년에 프랑스에서 완성된 후 350개의 조각으로 나눠진 다음 214개의 나무상자에 포장되어 1885년에 뉴욕항에 도착했다. 이후에는 자유의 여신상을 받침대에 세우는 작업이 추진되었고 1886년 10월 28일에는 역사적인 제막식이 거행되었다. 여신상은 동(銅)으로 만들어졌으며, 무게는

에펠이 설계한 자유의 여신상 내부 구조물(왼쪽)과 파리에 설치된 자유의 여신상(오른쪽)

225톤, 횃불까지의 높이는 46미터, 받침대 높이는 47.5미터이다.

프랑스 파리에 또 하나의 여신상이 있다는 점도 주목할 만하다. 1889년 7월 4일 파리에 있던 미국인 클럽이 11m 높이의 소형 여신상을 만들어 프랑스 국민에게 기증했던 것이다. 센 강 그레넬 다리 아래의 인공 섬에 세워진 파리의 여신상은 뉴욕의 여신상을 바라보고 있다.

## 300미터 철탑에 대한 욕망

자유의 여신상에 관한 작업이 마무리될 즈음에 에펠은 또다시 개최되는 만국박람회에 관심을 돌렸다. 당시에 프랑스 정부는 프랑스 혁명 100주년이 되는 1889년에 박람회를 개최하고자 했다. 지난 100년 동안 진전되어 온 프랑스의 민주화와 산업화를 과시하기 위한 박람회였다. 박람회 준비에 대한 책임은 상공부 장관 로크루아(Édouard Lockroy)가 맡았는데, 1886년 5월에 그는 20년 시한으로 세워지는 300m 높이의 철탑을 박람회의 중심 볼거리로 선택했다. 설계안에 대한 공모 기간은 16일밖에 되지 않았지만 백 개가 넘는 지원서가 접수되었다. 그중 하나가 에펠, 쾨클랭, 누기에, 그리고 건축가 소베스트르(Stephen Sauvestre)가 함께 준비한 서류였다.

로크루아 장관이 철탑의 높이로 300m를 요구한 이유는 정확히 알 수 없다. 사실상 300m의 철탑은 프랑스에서 처음 제안된 것이 아니었다. 이미 영국과 미국의 기술자들이 300m 철탑을 생각하거나 계획하고 있었다. 왜 하필 300m였을까? 이에 대한 흥미로운 해석은 부산대학교 김종기 명예교수가 『파리는 당신을 기억합니다』에서 제안한 바 있다. 300m는 약 1,000피트에 해당하며, 1,000은 인간이 체감할 수 있는 최고의 단위라는 것이다. 가령 아라비안나이트로 불리는 『천일야화(千一夜話)』는 천 하룻밤의 이야기를 담고 있는데, 1,000이라는 인간사회의 경계를 초월하여 영원히 계속된다는 의미를 가지고 있다. 또한 아라비아 숫자에서는 하나가 천 개 모이면 천(thousand)이고, 천이 천 개 모이면 밀리언(million)이며, 밀리언이 천 개 모이면 빌리언(billion)이 되는 등 복잡한 숫자를 천 단위로 끊어 읽는다. 이러한 점을 감안하면, 1,000피트의 탑에는 당시 인간의 한계에 도전하고자 하는 욕망이 내포되었다고 풀이할 수 있다.

에펠에게 고층 철탑은 철재 교량의 수평 아치를 수직으로 세운 것에 해당했다. 철교의 수평 아치를 반으로 나누고 이 둘을 서로 맞붙여 수직으로 세워보면 에펠탑의 원형적인 모양이 구성되는 것이다. 에펠은 철탑의 재료를 선택하는 데도 주의를 기울였다. 당시에 널리 사용되고 있던 선철(pig iron)은 탄소함유량이 높아 부러지기 쉽기 때문에 수직 건축물에 적합하지 않다고 판단했다. 에펠이 후보로 삼았던 것은 연철(wrought iron)과 강철(steel)이었다. 탄소함유량이 낮은 연철은 강도가 다소 부족하긴 하지만 가공성이 뛰어났고, 탄소함유량이 선철과 연철 사이에 있는 강철은 적당한 가공성과 강도를 가지고 있었다.

"이렇게 높은 구조물은 우리들보다 앞선 엔지니어들과 건축가들에게 제공되지 않았던 새로운 재료를 요구했다. 이 재료는 단순한 압력에도 잘 서 있을 수 없는 주철(cast iron, 액체 상태의 선철을 주형에 부어 만든 철)이 아닌 연철이나 강철이어야 할 것이다. 연철이나 강철을 사용함으로써 건축 상의 가장 어려운 문제들은 간단히 해결되고, 전에는 힘들게만 보였던 긴 경관의 다리나 골조 건설이 거침없이 이루어질 수 있는 것이다."

고층 탑의 구조에 대한 설계도 초안을 준비했던 사람은 쾨클랭과 누기에였다. 바닥에 네 개의 대들보를 놓고 일정한 간격마다 트러스(truss)로 연결하여 꼭대기에서 함께 만나는 구조였다. 두 사람의 설계안에 접한 에펠은 소베스트르에게 건축적 장식을 추가해 달라고 주문했다. 에펠은 보완된 설계안을 면밀히 검토한 뒤 프로젝트를 추진하기로 결정했고, 1884년 12월에 세 사람으로부터 디자인 권

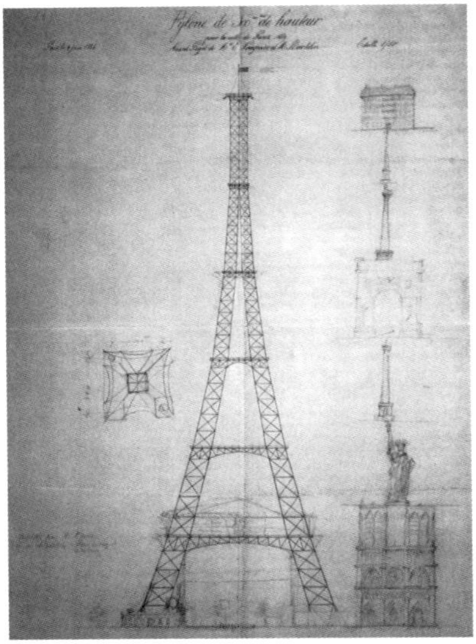

쾨클랭이 주도적으로 준비한 고층 탑 설계도 초안. 탑의 크기를 나타내기 위해 오른쪽 편에는 노트르담 성당, 자유의 여신상 등이 그려졌다.

한을 사들인 후 세부적인 기술적 내역을 보완하는 작업을 추진했다.

에펠은 여러 기술적 문제를 고민하다가 결국 강철을 포기하고 연철을 선택했다. 그 이유는 "강철이 가볍긴 하지만 비용이 더 들었고, 더 높은 탄성 때문에 역풍이 부는 경우 너무 흔들릴 수 있었기 때문"이었다. 사실상 영국에서는 베세머(Henry Bessemer)가 개발한 제강법을 매개로 강철이 대량으로 생산되고 있었지만, 프랑스에서는 제강법의 확산이 더디게 진행되어 강철을 본격적으로 활용하기가 쉽지 않았다. 에펠이 사용한 연철은 교반법(puddling process)으로 만들어졌기 때문에 '퍼들 연철(puddle iron)'로 불리기도 한다.

1886년 6월에 열린 심사위원회는 에펠사의 제안이 모든 조건을 충족시키는 유일한 후보라고 결론지었다. 1887년 1월에는 계약서가 작성되었고, 상공부는 에펠에게 150만 프랑을 건설비로 지급했다. 그 비용은 에펠의 제안서에 적힌 650만 프랑에 크게 미치지 못했다. 에펠은 향후 20년 동안 탑의 상업적 이용에서 발생하는 수익을 차지하는 조건으로 계약서에 서명했다. 그는 주당 500프랑에 1만 주를 공급하는 주식회사를 설립했으며, 그중 5천 주를 자신의 이름으로 보유했다. 상당한 위험을 감수한 에펠의 선택은 결국 탁월한 것으로 판명되었다. 1889년 10월부터 7개월 동안 진행된 박람회는 3,200만 명의 관람객이 모여들어 800만 프랑의 수익을 기록했는데, 그중 에펠탑에 관한 수익이 650만 프랑이었다. 에펠탑은 완공 후 1년이 경과한 뒤에 흑자로 돌아서는 성과를 보였다.

## 논쟁에 휩싸인 에펠탑 프로젝트

계약서가 작성된 직후 샹드마르 광장에서는 에펠탑에 대한 기초공사가 시작되었다. 공사가 시작되자마자 프랑스의 예술가들은 '300인 위원회'를 결성하여 에펠탑 건설 반대 운동을 대대적으로 벌였다. 300m 높이인 에펠탑에 대응하여 300명의 인원으로 반대 위원회를 구성했던 것이다. 오페라 극장의 설계자 샤를 가르니에(Charles Garnier)를 주축으로 에르네 메소니에, 아돌프 부게로, 기 드 모파상, 에밀 졸라, 샤를 구노, 쥘 마세네를 포함하여 프랑스에서 내놓으라고 하는 미술가, 문학가, 음악가 등이 참여했다. 1887년 2월에는 47명이 서명한 '예술가 탄원서'가 건설부 장관에게 제출되는 가운데 ≪르 탕(Le Temps)≫이라는 잡지에 공개적으로 발표되었다.

"우리는 우리의 모든 힘과 우리가 낼 수 있는 모든 분노로, 지금 위협당하고 있는 예술과 프랑스 역사의 이름으로, 쓸모없고 괴물 같은 에펠탑이 파리 중심에 세워지는 것을 반대하고자 합니다. … 파리 곳곳에는 이제까지 인간이 만들어낸 가장 고상한 기념물들이 산재해 있습니다. 프랑스의 영혼, 걸작의 창조자는 이 풍부한 석조 건물에서 빛나고 있습니다. … 그런데 우리는 이 모든 것이 훼손되게 놔두려 하고 있습니다. 파리 시가 한낱 기계제조업자의 상업적인 야망에, 그 괴물에 의해 추하게 전락하도록 놔두겠단 말입니까? … 이 탑이 파리를 거대한 검은 공장 굴뚝처럼 압도하고 있고, 그 야만

1887년 '예술가 탄원서'가 발표된 직후의 에펠에 대한 캐리커처. 여기서 에펠은 노트르담 성당을 허리춤에 차고 왼손으로는 피라미드를 누르고 있다.

적인 몸체로 노트르담 성당, 생트샤펠 성당, 생자크 탑, 루브르, 앵발리드 돔, 개선문을 짓누르고 있음을 깨닫는 것만이 필요합니다. … 앞으로 20년 동안 우리는 이 탑이 검은 오점처럼, 리벳으로 결합된 철판들로 이루어진 혐오스러운 기둥의 혐오스러운 그림자처럼 이 도시를 덮고 있는 것을 보게 될 것입니다."

에펠은 간단한 초안 이상의 것을 보지 못한 상태에서 반대자들이 어떻게 탑에 대해 그리고 많이 알고 있는지 의아해했다. 또한 그는 엔지니어들도 아름다움을 좋아하며, 엔지니어들이 다루는 물성이나 구조물이 예술적 조화에 부합한다고 생각했다. "우리가 엔지니어이기 때문에 아름다운 걸 좋아하지 않는다거나 튼튼하고 오래가면서도 아름다운 건물을 지으려고 노력하지 않는다고 말할 수 있는가? [재료의] 강도라는 성질은 [좀처럼] 기록되지 않는 조화의 조건들과 늘 어울리지 못하는 것인가? 게다가 거대한 구조물에는 일반적인 예술 이론만 가지고는 적용할 수 없는 특별한 매력과 마력(魔力)이 있다."

에펠이 탑의 용도를 단순한 볼거리를 넘어 군사적 측면과 과학적 측면에서 접근했다는 점도 주목할 만하다. 첫째, 전시 혹은 준전시에 에펠탑은 72km 반경 내에서 적의 움직임을 감시하게 해 줄 것이다. 둘째, 탑은 기류의 크기와 방향, 대기의 구성, 습도의 측정 등을 연구할 수 있는 훌륭한 관측대가 될 것이다. 셋째, 탑은 천문학적 관찰은 물론 물체의 낙하와 지구의 회전 등 과학적 연구를 위한 실험실이 될 것이다. 이런 구상을 바탕으로 에펠은 영향력 있는 과학자들의 지지를 얻어낼 수 있었다.

## 파리의 상징이 된 에펠탑

드디어 에펠탑 공사가 시작되었다. 먼저 거대한 철제 기둥 4개를 세운 뒤 이를 콘크리트로 메웠다. 그때가 1887년 12월 7일이었다. 이어 철제 기둥 위에 탑의 본체를 올리는 공사가 추진되었다. 1층을 완성하는 데는 103일이 걸렸다. 그 다음부터는 공사가 더욱 순조롭게 진행되었다. 300m의 탑을 세우는 데 걸린 시간은 1년 1개월을 기록했다. 소정의 마무리 공사를 거쳐 에펠탑은 1889년 3월 31일에 완공되었다. 총 공사 기간은 2년 2개월 5일이었고, 총 비용은 779만 9,401 프랑이었다. 1779년에 설치된 아이언브리지가 철로 만든 최초의 다리였다면, 1889년의 에펠탑은 철로 수직건축물을 만들 수 있다는 점을 보여주었다.

에펠탑 건설에 사용된 자재의 무게는 약 8천 톤이었고, 탑의 본체에 사용된 연철의 무게는 7천 톤을 넘어섰다. 에펠탑에 필요한 자재를 조립하는 데 사용된 리벳의 수는 250만 개에 달했으며, 이에 따라 에펠탑을 일컬어 '리벳의 향연'이란 평가도 나왔다. 에펠은 탑의 골조에 대해서만 1,700장 이상의 도면을 만들었고, 각종 부속자재에 대해서도 3,629장의 도면을 자세히 그렸다. 리벳의 구멍 간격도 1/10 mm의 정밀도로 계산했다고 한다. 고층 탑에 관한 최초의 설계안은 에펠사의 엔지니어들이 준비했지만, 실제로 활용할 수 있는 상세설계와 건축 노하우는 에펠이 아니면 감당할 수 없었던 것이다.

에펠탑 공사가 진행되는 동안 새롭게 추가된 과제는 엘리베

에펠탑의 건립 과정을 단계적으로 기록한 사진. 각 사진이 찍힌 시기는 1887년 7월 18일, 1887년 12월 7일, 1888년 3월 20일, 1988년 5월 15일, 1888년 8월 21일, 1888년 12월 26일, 1889년 3월 15일이다.

이터를 설치하는 데 있었다. 계단 대신에 엘리베이터를 활용하면 인부들이 작업을 수행하거나 향후에 관람객들을 유치하는 데 효과가 있어 보였다. 당시에 엘리베이터는 이론과 실제의 모든 면에서 초기 단계에 불과했지만, 에펠은 과감하게 엘리베이터를 도입하기로 결정했다. 처음에는 국산 장비를 사용하려 했으나 그것이 여의치 않자 미국의 오티스 엘리베이터 회사(Otis Elevator Company)를 공급처로 선택했다. 에펠탑에 엘리베이터가 활용됨으로써 꼭대기에 도달하는 데는 7분밖에 걸리지 않았고 시간당 750명의 인원을 운송할 수 있었다.

에펠은 탑을 역사적인 자료로 변모시키는 지혜도 발휘했다. 에펠탑 1층 들보에는 공사에 끝까지 참여했던 작업 인부 199명의 이름을 써넣었다. 또한 1층의 사방을 소벽으로 장식하여 18세기 프랑스를 대표했던 과학자 72명의 이름을 새겼다. 화학자 라부아지에, 물리학자 앙페르, 엔지니어 드 디옹, 천문학자 들로네, 사진 발명가 다게르 등이 여기에 포함되었다. 과학자들의 이름은 1900년대 초반에 정기적인 페인트 칠 과정에서 지워졌다가 1986년에 원래 상태로 복원되기도 했다.

에펠탑이 완성된 이후에는 300인 위원회의 목소리가 잠잠해졌다. 끝까지 입장을 바꾸지 않은 인물로는 모파상을 들 수 있다. 그는 1890년에 발간한 『방랑생활』에서 다음과 같이 썼다. "사람들이 그것을 도처에서 볼 수 있다는 말로는 충분하지 않다. 아니, 에펠탑 자체가 도처에 존재하고 있다. 그것은 생각 가능한 모든 물건 속에 들어 있으며, 모든 쇼윈도 안에 전시되고 있다. 피할 수 없는 고통을 주는 악몽이다." 흥미롭게도 모파상은 에펠탑이 완성된 후에 에펠탑 안에 있는 레스토랑에서 자주 식사를 했다고 한다. 어느 날 기자가 "아니 선생님은 왜 이곳에서 식사를 하십니까?"라고 물었더니 "파리에서 에펠탑이 안 보이는 곳은 여기뿐이지 않소?"라고 대답했다는 일화도 전해진다.

에펠탑은 원래 20년 동안 설치했다가 철거하기로 되어 있었다. 그러던 중 에펠탑이 무선전신용 안테나로 사용될 수 있다는 주장이 제기되었고, 그것은 사실로 확인되었다. 그 후 에펠탑은 군사용 통신이나 공중파 방송을 위한 거점으로 각광을 받았다. 더욱이 세월이 흐르면서 에펠탑이 역동적인 파리와 잘 어울린다는 새로운 여론도 형성되었다. 이에 관한 심리학 용어로는 '에펠탑 효과'가 있다. 그것은 특정 대상에 반복적으로 노출되면서 그 대상에 호감을 갖게 되는 현상을 지칭한다. 자주 보면 정이 들고, 정이 들면 좋아지게 마련이라는 것이다. 에펠은 "저는 저 탑을 질투해야겠군요. 저 탑은 저보다 더 유명합니다."는 우스갯소리도 남겼다.

## 과학 연구에 대한 열정

에펠이 항상 승승장구한 것은 아니었다. 그에게 파나마 운하의 실패는 뼈아픈 경험이 되었다. 외교관 출신의 레셉스(Ferdinand de Lesseps) 자작은 수에즈 운하 건설로 대박을 터뜨린 후 그 여세를 몰아 파나마 운하 프로젝트를 추진했다. 그러나 파나마 협곡은 수에즈 운하와 매우 다른 조건을 가지고 있었다. 수에즈 운하에서는 지중해와 홍해의 수면이 수평에 가까웠지만 파마나 협곡의 경우에는 대서양과 태평양의 수면 높이가 상당한 차이를 보였다. 이러한 문제에 직면하여 레셉스는 1887년에 에펠에게 참여와 투자를 요청했다. 에펠은 수문이 없는 수평식 운하를 건설한다는 원안에 반대하고 있었는데, 그의 의도대로 수정안을 마련되자 10개의 거대한 철 수문을 건설하는 계약에 서명했다. 그러나 운하 공사는 홍수, 붕괴, 굴착을 계속해서 되풀이했으며, 인부들은 모기가 옮기는 황열병과 말라리아로 쓰러져갔다. 공사 기일은 끝없이 지연되었고 결국 1889년에 파나마 운하 공사는 중단되고 말았다.

1890년에는 프랑스 정부가 파나마 운하 프로젝트에 관한 조사에 착수했다. 정치인, 기업인, 언론인들이 받은 뇌물은 어마어마했고, 그들에게는 '파나마 약탈자'라는 비난이 쏟아졌다. 에펠도 파나마 스캔들에서 자유롭지 못했다. 그는 투자자들로부터 사기죄로 고소당했으며, 1893년 2월에 배임 혐의로 징역 2년, 벌금 2만 프랑의 형을 받았다. 에펠은 항소했고 1894년 8월에 증거 불충분의 판결을 받았다. 소송이 끝난 직후 에펠은 자신의 회사에서 사임하는 길을 택했다. 에펠의 회사는 쾨클랭을 사장으로 하는 '르발루아 페레 건설 주식회사'로 변경되었다. 당시 에펠의 나이는 61세였다.

에펠은 현업에서 은퇴한 후에도 새로운 도전을 계속했다. 그는 파리의 도심 순환 지하철, 영국해협을 건너는 지하 다리, 몽블랑의 천문기상대 등을 구상했다. 이러한 세 가지 사업 중에 완수한 것은 하나도 없었지만, 60대 노인의 열정은 식을 줄 몰랐다. 그가 마지막으로 몰두한 분야는 과학 실험이었다. 이를 통해 에펠은 건축 엔지니어 대신에 실용 과학자라는 또 하나의 인생을 개척했다. 그가 사용한 도구는 자신의 가장 중요한 작품인 에펠탑이었다. 사실상 에펠은 자신의 탑이 박람회를 위한 일시적인 볼거리가 아니라 커다란 과학적 가치가 있는 구조물이라는 점을 계속 강조해 왔다.

에펠은 1889년에 탑 꼭대기에 있는 폭 1.5m의 단에 기상학 장비를 설치했고, 1891년에는 세브르에 위치한 자신의 별장에 기상 관측소를 세웠다. 그는 바람의 속도와 방향, 기압, 온도, 습도 등을 지속적으로 측정하여 1904년에 방대한 자료와 분석이 담긴 책자를 발간했다. 프랑스 전역에 25개에 달하는 기상학 기지를 연결하여 프랑스 기상학이 체계적으로 발전할 수 있는 기반을 다진 사람도 에펠

에펠탑 2층의 실험실에서 역학 탐구에 몰두하고 있는 에펠

이었다. 그는 1898년에 에펠탑의 3층에 무선 전송 장치를 설치하여 4km 떨어진 판테온에 신호를 보내는 작업도 관장했다. 1903년에는 에펠탑의 2층에 조그만 실험실을 세워 자유낙하 운동에 대해 집중적으로 탐구했고, 그 과정에서 물체의 공기 저항이 공기 속도의 제곱과 매우 밀접한 관련이 있다는 점을 입증했다.

에펠의 연구는 공기역학에서 절정에 달했다. 그는 1909년에 탑 부근의 샹드마르스에 공기역학연구소를 설립한 후 풍동(wind tunnel)을 설치하여 공기역학에 관한 실험을 진행했다. 여기서 그는 비행기의 상승력이 날개 표면 아래에 작용하는 압력의 증가보다는 표면 위에 작용하는 압력의 감소에 의한 결과라는 점을 밝혔다. 샹드마르스의 주민들이 소음에 대한 진정을 내자 에펠은 1912년에 오테유에 더욱 큰 규모의 연구실과 풍동을 설치하여 비행기 설계에 관한 각종 실험을 추진했다. 에펠은 1913년에 『공기의 저항과 항공』이란 저서를 발간했고, 그것이 미국에서 번역되면서 스미소니언 연구소의 랭글리 메달을 받았다. 1920년에 에펠은 오테유 연구실을 프랑스 정부에 기증하는 것을 끝으로 과학 탐구의 여정을 마쳤다.

에펠은 평안한 말년을 보내다가 1923년 12월 27일에 파리의 저택에서 91세의 일기로 세상을 떠났다. 마지막 순간에 그는 베토벤의 5번째 교향곡 안단테를 감상했다고 한다. 에펠의 시신은 르발루아 시 공원묘지에 묻혔다. 묘지의 기둥 아래에는 "고마워요, 귀스타브(MERCI GUSTAV)"라는 문장이 새겨져 있는데, I의 자리에는 자유의 여신상이, V의 자리에는 거꾸로 된 에펠탑이 그려져 있다. 에펠이 세상을 떠난 지 26년 후인 1949년에는 에펠탑 아래에 그의 흉상이 세워졌다.

에펠탑은 세상의 수많은 예술가들에게 다양한 모티브를 제공했다. 에펠탑에 관한 가장 강렬한 사진으로는 마크 리부(Marc Riboud)의 작품인 〈에펠탑의 페인트공〉이 꼽힌다. 1953년에 리부는

마크 리부의 <에펠탑의 페인트공>(1953년)

라이카 카메라를 들고 에펠탑에 가서 한 페인트공과 소시지를 나눠 먹은 뒤 그의 작업을 지켜보다가 결정적인 순간을 포착했다. 리부의 친구이자 사진가인 카롤린 아비톨은 〈에펠탑의 페인트공〉에 대해 다음과 같은 해석을 내놓았다. "원래 에펠탑은 프랑스의 정치적·산업적 위력밖에 느껴지지 않는 금속 구조물이었다. 마크 리부는 그런 에펠탑에서 마치 유리로 된 성당에서나 있을법한 초월성이 느껴지도록 했다. 그는 우리에게 완전히 개방된 자유로운 느낌을 심어주었다. 그리고 허공에 대한 영원한 이끌림을 느끼게 해주었다."

2006년에 에펠에 대한 묵직한 전기를 발간한 데이비드 하비(David Harvie)는 책명을 『에펠, 자신을 재발명한 천재(Eiffel, the Genius Who Reinvented Himself)』로 삼았다. 에펠은 중앙공예학교의 화학도에서 출발한 후 유명한 교량 엔지니어, 파리의 상징을 만든 건축가, 기상학과 공기역학의 연구자 등으로 계속 변신했던 것이다.

7장

# 릴리언 길브레스
## Lillian Gilbreth

공학에서 여성의 영역을 만들다

릴리언 길브레스(Lillian Moller Gilbreth, 1878~1972)는 오늘날 산업공학에 해당하는 분야에서 활발하게 활동했던 여성이다. 오랫동안 그녀는 20세기 초 미국의 과학적 관리(scientific management) 운동에 적극적으로 참여했던 프랭크 길브레스(Frank Bunker Gilbreth, 1868~1924)의 부인으로만 알려져 왔다. 그러나 사실상 릴리언은 남편과의 공동 작업을 넘어 경영심리학을 개척하고 여성의 활동에 과학적 관리를 적용하는 등 자신의 새로운 영역을 창출했던 선구적인 여성이었다. 그녀는 미국 공학의 퍼스트레이디, 세상에서 가장 위대한 여성 엔지니어, 경영학의 퍼스트레이디 등으로 평가되고 있다.

'세상에서 가장 위대한 여성 엔지니어'로 평가받고 있는 릴리언 길브레스

## 인생을 연설한 여대생

릴리언 길브레스는 1878년 5월 24일에 미국 캘리포니아주의 오클랜드에서 태어났다. 3남 6녀 중 맏이였다. 아버지는 독일 태생으로 설탕 정제업에 종사했고, 집안은 비교적 부유한 편이었다. 어머니의 건강이 좋지 않아 릴리언은 학교에 다니면서도 집안일을 도맡아 했다. 릴리언은 학창 시절에 거의 수석의 자리를 놓치지 않았으며, 음악과 문학에 많은 관심을 보였다.

릴리언은 공부를 매우 잘하는 학생이었지만, 그녀의 부모는 릴리언이 대학에 진학하는 것을 별로 원하지 않았다. 그녀의 부모는 릴리언이 부유한 사람과 결혼해서 행복한 가정을 꾸리기를 원했다. 그러나 릴리언은 대학에 진학하기로 마음을 먹으면서 부모를 설득할 수 있는 논리를 개발했다. 자신이 평범하기 때문에 아무도 자신과 선뜻 결혼하지 않을 것이라는 논리였다. 부모의 보수적인 가치관을 역이용했던 셈이다.

릴리언은 1896년에 버클리에 있는 캘리포니아 대학에 진학하여 1900년에 졸업했다. 영문학을 전공으로 했지만, 심리학에 관한 과목도 많이 들었다. 그녀는 우수한 성적을 올린 미국 대학 졸업생들의 클럽인 파이베타카파(Phi Beta Kappa)의 회원으로 선정되었다. 그러나 릴리언의 이름은 수상자 명단에서 빠져 있었고 나중에 파이베타카파의 열쇠를 받는 촌극도 빚어졌다. 릴리언은 캘리포니아 대학의 졸업식에서 연설을 담당한 첫 번째 여성이라는 명예를 얻기도 했다. 「인생: 수단인가 목적인가」라는 제목의 연설은 상당한 갈채

속에 진행되었고 지역 언론의 주목을 받았다. 당시에 대학 총장은 그녀에게 여자다운 차림새를 할 것과 쪽지에 있는 대로 읽을 것을 주문했다고 한다.

릴리언은 1900년에 콜롬비아 대학의 대학원에 진학했다. 처음에는 영문학을 계속하려 했으나 담당 교수가 여성을 제자로 받지 않는 바람에 심리학으로 전공을 바꾸었다. 그러나 그것도 건강이 좋지 않아 이내 포기하고 말았다. 집으로 돌아가 건강을 어느 정도 회복한 후 릴리언은 모교인 캘리포니아 대학에 다시 진학했다. 그녀는 1902년에 석사 학위를 받은 후 곧바로 박사 과정에 진학했다. 전공은 영문학이었고 부전공은 심리학이었다.

## 한 다스의 자녀

1903년에 릴리언은 동부로 여행을 하던 중에 10살 연상인 프랭크를 만났다. 당시 여행 안내원은 프랭크의 사촌인 민니(Minnie Bunker)였는데, 민니가 보스턴에서 릴리언을 프랭크에게 소개했던 것이다. 릴리언과 프랭크는 아주 말이 잘 통했고 1년 동안 편지를 교환하다가 1904년 10월 19일에 결혼했다.

당시 프랭크는 뉴욕에서 자신의 이름을 내건 컨설팅 업체를 운영하면서 주로 건설업을 합리화하는 일에 전념하고 있었다. 그는 건설업 벽돌쌓기 동작을 세밀히 연구하여 작업을 최상으로 수행하는 유일한 방법(the one best way of doing work)을 찾아냈다. 그의 건설

동반자적 삶을 영위한 길브레스 부부

업에 대한 연구는 『현장 시스템』(1901년), 『콘크리트 시스템』(1908년), 『벽돌쌓기 시스템』(1909년) 등의 3부작으로 출간되었다.

결혼 후 릴리언은 영문학을 버리고 경영심리학을 선택했다. 그것은 남편의 권유 때문이기도 했지만, 그녀의 입장에서도 탁월한 선택이었다고 볼 수 있다. 경영심리학은 프랭크가 수행해 온 경영컨설팅과 릴리언이 관심을 가지고 있던 심리학이 만나는 지점이었다. 길브레스 부부는 상호보완적인 전공을 하면서 서로에게 도움이 되는 동반자적 삶을 살았다. 과학에 퀴리 부부가 있었다면 공학에는 길브레스 부부가 있었던 것이다.

두 사람 사이에는 거의 해마다 자녀가 늘어나 모두 12명이 되었다. 그중 둘째는 디프테리아로 인해 다섯 살인 1912년에 세상을 떠났지만, 다른 11명은 모두 건강하게 자랐다. 길브레스 부부는 다섯째의 이름을 프랭크 2세로, 일곱째의 이름을 릴리언 2세로 할 정도로 평등한 관계를 유지했다. 길브레스 부부의 셋째인 어니스틴과 다섯째인 프랭크 2세는 1948년에 『한 다스라야 더 싸다(Cheaper by the Dozen)』를, 1950년에는 『발끝으로 선 미녀들(Bells on Their Toes)』을 발간하기도 했다. 두 책은 출시되자마자 베스트셀러의 반열에 올랐고 영화로도 제작된 바 있다. 그 중 『한 다스라야 더 싸다』는 길브레스 가족에 대한 재미있는 얘기로 가득 차 있는데, 여기서 한 다스는 12명의 자녀를 재치 있게 표현한 용어이다.

『한 다스라야 더 싸다』에는 프랭크 길브레스가 시간 절약에 집착하는 일화도 소개되어 있다. 프랭크는 자기 조끼의 단추를 위에서부터 채우는 대신에 아래에서 위로 채웠다. 아래로부터 채우면 3초밖에 걸리지 않지만, 위에서부터 채우면 7초가 걸리기 때문이었다. 또한 프랭크는 얼굴에 비누거품을 칠할 때 두 개의 솔을 사용했다. 면도에 소요되는 시간을 17초 정도 줄일 수 있기 때문이었다.

1948년에 발간된 『한 다스라야 더 싸다』의 표지

그리고 그는 면도칼도 두 개를 사용하여 면도 시간을 44초 가량 단축했다. 그러나 그는 얼마 뒤에 면도칼을 두 개 쓰는 방법을 포기했다. 베인 곳에 밴드를 붙이는 데 2분이 소요되었기 때문이었다. 그의 자녀들은 아버지를 괴롭힌 것이 베인 상처가 아니라 '잃어버린 2분'이라고 덧붙였다.

길브레스 부부가 '과학적 관리의 아버지'로 불리는 테일러(Frederick W. Taylor)를 만난 것은 1907년의 일이었다. 테일러는 자신의 연구를 '시간연구(time study)'로 규정했고 프랭크는 '동작연구(motion study)'라 불렀지만 사실상 그들이 다루었던 내용에는 별반 차이가 없었다. 또한 두 사람은 모두 대학을 진학하는 대신에 곧바로 현장으로 들어가 관리자로 승진한 뒤 독립하여 컨설턴트로 활동하고 있는 경력의 소유자들이었다. 둘은 매우 친해졌고 자주 만났다. 프랭크는 1912년에 『과학적 관리 입문』이란 책을 통해 테일러의 과학적 관리를 문답형식으로 풀어내기도 했다.

## 경영학에 심리학을 심다

릴리언은 많은 자녀를 키우는 바쁜 생활 속에서도 1912년에 경영심리학에 관한 논문을 작성하여 학교에 제출했다. 이 논문에서 그녀는 경영관리의 성공은 일에 달려 있는 것이 아니라 사람에 달려 있으며 과학적 관리는 인간의 노력을 최대한 활용할 수 있는 수단을 제공한다고 주장했다. 그러나 릴리언의 논문이 영문학과는 거리가 멀었으므로, 대학 당국은 학위를 받기 전에 학교로 돌아와 1년 동안 경영학에 대한 전문 실습을 받아야 한다는 조건을 달았다.

프랭크는 속이 좁은 교수들을 비난하면서 기발한 방법을 생각해냈다. 프랭크가 출판업자를 설득하여 릴리언이 작성한 논문의 내용을 ≪산업공학잡지(Industrial Engineering Magazine)≫에 1년 동안 연재할 수 있도록 했던 것이다. 릴리언의 연재물은 상당한 인기를 끌었고 1914년에 『경영심리학』이라는 단행본으로 출간되었다. 출판사 측은 저자가 여성으로 알려지면 판매량이 많지 않을 것으로 우려했으며, 릴리언의 동의를 얻어 저자의 이름을 완전히 쓰지 않고 '엘 엠 길브레스(L. M. Gilbreth)'로 표기했다. 프랭크는 동료로부터 "엘 엠 길브레스가 누구냐"는 질문을 받고서는 "우린 결혼한 사이야"라고 답했다고 한다.

『경영심리학』은 산업경영에 있어서 인간적 요소를 이해하는

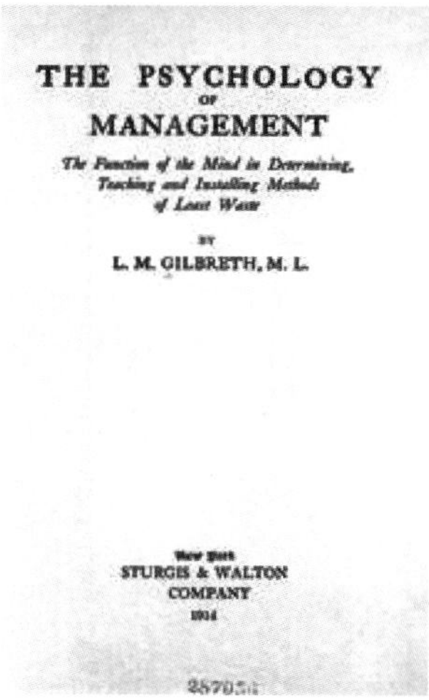

'산업경영의 황금 선물'로 평가된 『경영심리학』의 표지

데 최초로 기여한 책으로 '산업철학의 황금 선물'이라는 평가를 받았다. 당시에는 경영학이나 심리학 자체도 충분히 발달하지 못한 상태였는데, 릴리언은 경영심리학을 통해 두 분야를 적절히 접목시켰던 것이다. 사태가 이렇게 진전되자 캘리포니아 대학은 한발 물러설 수밖에 없었다. 캘리포니아 대학은 경영학이나 심리학으로 학위를 주는 대학에서 전문 실습을 받는 것을 조건으로 내세웠다. 릴리언은 프랭크의 소개로 브라운 대학에서 소정의 과정을 마친 후 1915년에 응용경영관리 전공으로 박사학위를 받았다. 당시 37세였던 릴리언은 여섯째 아이를 임신하고 있었고 졸업 후 3일째 되던 날에 출산했다.

릴리언은 『경영심리학』에서 경영관리를 전통적 유형, 과도적 유형, 과학적 유형으로 분류한 뒤, 통일된 명령 계통과 중앙집권적인 권위를 중시하는 전통적 유형보다 과학적 표준과 기능적 전문화를 강조하는 과학적 유형이 추구되어야 한다고 지적했다. 그녀는 "과학적 관리가 규칙적인 작업을 촉구하고, 좋은 개인적 습관을 장려하며, 노동자의 육체적·정신적·도덕적·재정적 발전을 촉진한다."고 평가했다. 특히 그녀는 과학적 관리의 근본 원칙이 노동자의 개성을 존중하고 개발하는 데 있다는 점을 강조했다.

릴리언은 과학적 관리에 내포되어 있는 문제점도 놓치지 않았다. 그녀는 과학적 관리에 인간적 요소가 결여되어 있다고 지적했다. 과학적 관리는 노동자의 활동을 생리학적으로 다루고 있을 뿐 심리학적 관점에서 접근하지 못하고 있다는 것이다. 그녀가 보기에 기존의 과학적 관리가 노동자들의 저항을 받는 이유는 노동자들의 생활과 정서에 대해서 제대로 연구하지 않았기 때문이었다. 이러한 문제의식을 바탕으로 릴리언은 행동 이론, 집단 이론, 의사소통 이론, 의사결정 이론 등을 검토했다. 특히, 그녀는 아무리 좋은 관리기법도 노동자들의 마음에서 우러나오는 협력이 없으면 오히려 역효과가 발생한다는 점을 강조했다. "성공적인 경영을 위해 강조되어야 할 것은 일이 아니라 사람이다."는 것이 그녀의 일관된 철학이었다.

## 길브레스 부부의 공동연구

한편 프랭크 길브레스는 관심을 건설업에서 제조업으로 넓혀서 동작연구를 일반화하는 데 주력했고, 1911년에 자신의 연구 결과를 『동작연구』로 출판했다. 그는 모든 동작을 '찾는다', '택한다', '붙든다'와 같은 17개의 기본동작으로 분해했는데, 각 동작은 Gilbreth의 철자를 거꾸로 한 다음 t와 h의 위치만 바꾼 '더블릭(therblig)'으로 칭해졌다. 그는 동작의 더블릭이 물질의 원소에 해당하는 것으로서 모든 작업이 더블릭의 다양한 조합에 의해 구성될 수 있다고 주장했다.

릴리언은 남편에게 동작연구에 피로연구를 포함시킬 것을 제안했다. 모든 동작은 피로를 만들며 불필요한 동작을 제거하면 피로가 감소하므로, 동작연구와 피로연구는 동전의 양면인 셈이었다. 길브레스 부부는 생체구조, 습관, 생활양식 등 15개의 노동자변수, 의

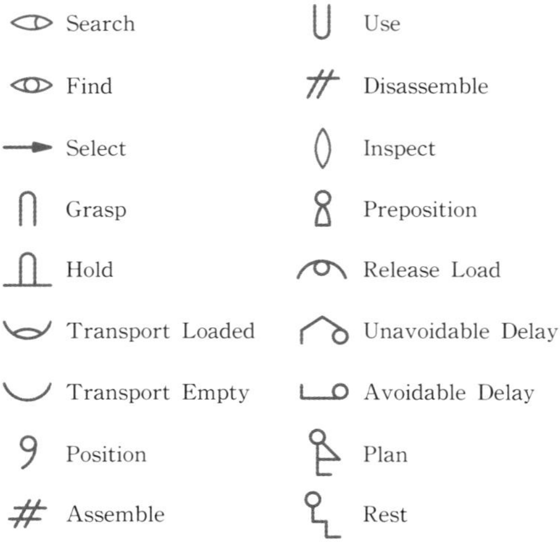


프랭크 길브레스가 고안한 더블릭 기호

복, 조명, 난방 등 14개의 환경변수, 길이, 방향, 가속 등 13개의 동작변수를 검토하여 피로의 원인을 분석했고, 그 결과는 공동저작인 1916년에 『피로연구』로 출간되었다.

또한 길브레스 부부는 활동사진기(chronophotograph)를 통해 노동자가 동작을 수행하는 모습과 거기에 소요되는 시간을 확인하는 방법을 알아냈고, 노동자의 몸에 전구를 붙여 노동자의 행로를 일련의 사진으로 볼 수 있는 기법도 개발했다. 이 중에서 활동사진은 외과수술 과정을 연구하는 데 활용되기도 했다. 이와 같은 기법들은 1917년에 길브레스 부부의 공동 저작으로 발간된 『응용동작연구』에서 소개되었다.

제1차 세계대전이 발발하면서 프랭크는 육군 소령으로 입대했다. 그와 릴리언은 손발을 잃은 군인들이 생산적인 삶을 다시 시작할 수 있는 방법을 고안하는 데 주의를 기울였다. 그들은 팔이 한

쪽밖에 없는 사람들을 위한 타자기를 비롯하여 장애인을 도울 수 있는 몇몇 장치를 개발하기도 했다. 길브레스 부부는 제1차 세계대전 후 장애인 군인의 재활을 지원하는 전쟁위험보험법을 통과시키는 데에도 힘을 보탰다. 그들의 연구 결과는 1920년에 『장애인을 위한 동작연구』로 출판되었다.

## 여성 친화적인 과학적 관리를 위하여

그러나 두 사람의 관계를 신이 질투라도 했는지, 1924년에 프랭크가 갑자기 심장마비로 세상을 떠나고 말았다. 회사는 어떻게 운영할 것이며, 11명이나 되는 자녀들은 어떻게 키울 것인가? 당시 46세였던 릴리언에게는 대단한 용기가 필요했다. 그녀는 프랭크 길브레스 회사를 '길브레스 회사(Gilbreth, Inc.)'로 변경하면서 사장으로 부임했다.

릴리언은 남편을 대신하여 체코슬로바키아의 프라하에서 열린 제1회 국제경영회의(International Management Conference)에 참석하여 논문을 발표하는 것을 시작으로 자신과 남편이 벌여놓은 일을 꾸준히 수행했다. 그 회의에 참석한 발표자 중에 릴리언은 유일한 여성이었다. 그러나 그녀가 미국으로 돌아왔을 때 길브레스 회사의 많은 고객들은 자신의 계약을 갱신하지 않겠다고 통보했다.

릴리언은 이에 굴하지 않고 새로운 고객을 찾아가면서 당차게 활동했다. 당시의 릴리언에 대해 『발끝으로 선 미녀들』은 다음과 같이 썼다. "만약 남성의 분야에 들어설 수 있는 유일한 길이 부엌문을 통하는 것이라면 그녀는 바로 그 길로 들어설 것이다." 이와 같은 릴리언에게 주위의 사람들은 '경영학의 퍼스트레이디'라는 별명을 붙여주었다. 특히 길브레스 부부와 가까이 지냈던 클라크(Wallace Clark)는 프랭크가 세상을 떠난 후에도 릴리언을 적극적으로 도와주었다. 길브레스 부부의 아이들도 그 동안 과학적 관리에 잘 숙달되어 있던 까닭에 자신들의 생활을 슬기롭게 영위했다.

릴리언은 길브레스 회사의 새로운 사업전략으로 '여성지향적인 컨설팅'을 내걸었다. 여성노동자를 많이 고용하고 있는 기업이나 여성들이 많이 사용하는 물건을 만드는 기업을 주요 고객으로 삼는다는 것이었다. 예를 들어 릴리언은 1926년에 존슨 앤 존슨(Johnson & Johnson)의 컨설턴트로 활동하면서 월경이 여성노동자의 피로에 미치는 영향을 탐구했고 월경 기간에 있는 여성노동자들의 작업시간을 융통성 있게 조절할 것을 제안했다.

더 나아가 릴리언은 과학적 관리를 가사노동에 응용하는 것으로 자신의 활동 영역을 확장했다. 그녀는 설거지, 빨래, 청소 등과 같은 가정주부의 노동을 기본동작으로 분해하고 불필요한 동작을 없앤 뒤 가장 합리적인 작업으로 재구성했다. 릴리언은 가정학, 공학, 경영학을 전공하는 여자 대학원생들을 모아 공동연구를 조직했고, 그 결과를 종합하여 『가정주부와 그녀의 일』(1927년), 『아이들과의 생활』(1928년) 등으로 출판했다. 이러한 작업을 수행하면서 릴리언은 페달을 밟아 뚜껑을 여는 쓰레기통과 선반이 달린 냉장고 문을 발명하기도 했으며, 가정주부가 가장 편리하게 일할 수 있도록

릴리언 길브레스가 1929년에 브루클린의 가스 회사를 위해 디자인한 부엌의 모형

과학적으로 설계한 부엌 모형도 선보였다.

릴리언은 『가정주부와 그녀의 일』에서 가정이 가족 구성원들의 휴식처가 될 뿐만 아니라 그들의 창의적인 개성이 발현되는 곳으로 규정했다. 그녀는 가정을 경영하는데 예술적이고 창의적인 노동이 필요하다는 것을 강조하기 위해서 가정주부에 대한 표현으로 'housewife'보다는 'home-maker'를 선호했다. 이어 릴리언은 가사노동에 적용해야 할 기본적인 원칙으로 가정에서 무엇이 수행되어야 하는가?, 구성원 중에 누가 특정한 과업에 적합한가?, 가정의 어디에서 그러한 과업이 실행되어야 하는가?, 실행의 시기는 언제인가?, 왜 그 과업이 추구되어야 하는가?, 그것은 정확히 어떻게 실행되어야 하는가? 등을 제시했다.

이러한 작업을 통하여 릴리언은 여성이 산업공학 분야에 중요한 역할을 담당할 수 있다고 강조했다. 그녀는 1924년에 영국의 여성공학협회(Women's Engineering Society)를 위해 「산업공학에서 여성을 위한 기회」라는 글을 썼다. 이 글에서 그녀는 산업공학은 신생 분야이기 때문에 기존의 공학에 비해 여성이 참여하기 좋을 뿐만 아니라, 여성노동자나 가정주부의 노동이 연구의 대상이 될 수 있으며, 여성이 접근하기 쉬운 연구 방법론을 활용할 수 있다고 주장했다.

또한 릴리언은 1928년에 ≪노스 아메리칸 리뷰≫에 「왜 여성이 사업에 성공하는가?」라는 글을 실었다. 그녀는 이 글에서 직장을 가진 여성이 성공하기 위해서는 자신이 담당하는 일이 가치가 있다고 느낄 것, 일을 연구한 다음에 자신의 능력을 평가할 것, 자신이 가치 있는 기여를 할 수 있다고 느낄 것, 자신의 개성을 넓힐 수 있다고 느낄 것, 그리고 자신의 한계를 받아들일 것 등을 강조했다. 이와 함께 릴리언은 여성의 직장생활이 가정이나 아이들로부터 해방되는 수단이 되어서는 곤란하다고 덧붙였다.

## 공학 분야에서 우뚝 선 여성

1929년에 후버 행정부가 들어선 후 릴리언은 더욱 다채로운 삶을 살았다. 프린스턴 대학에서 광산공학을 전공했던 후버(Herbert Hoover)는 엔지니어 출신의 첫 번째 대통령이었다. 릴리언은 후버의 부인인 루 헨리(Lou H. Hoover)의 요청으로 1929년에 걸스카우트의 컨설턴트가 되었다. 1930년에 설치된 대통령 직속 고용위원회의 위원이 되어 '일자리를 나누자(Share the Work)'는 사업을 전개하면서 여성분과를 이끌었던 사람도 릴리언이었다. 이와 같은 릴리언의 공직 활동은 제2차 세계대전과 한국전쟁 때에도 계속되었다. 1938년에 그녀는 미국의 대통령직을 수행할 수 있는 12명의 여성 가운데 한 명으로 지목되기도 했다.

1930년을 전후하여 릴리언은 세계적인 주목을 받는 인사가 되었다. 예를 들어 그녀가 1931년에 일본 동경에서 개최된 국제공학회의(International Engineering Conference)에 참석했을 때 ≪비즈니스 위클리≫는 이를 대대적으로 보도했다. 코트에다 종 모양의 모자를 쓴 릴리언의 사진을 실으면서 '국제공학회의에 참석한 유일한 여성 대표'라고 치켜세웠다. 릴리언에 대한 인지도가 높아지면서 1924년의 국제경영회의 때와는 다른 대접을 받았던 셈이다.

릴리언은 1925년부터 퍼듀 대학의 기계공학과에서 동작연구에 관한 수업을 담당했다. 그 수업은 실험실에서 개별 프로젝트를 수행하고 관련 기업을 방문하여 현장 실습을 하는 식으로 이루어졌다. 릴리언의 강의가 좋은 반응을 얻으면서 그녀는 1935년에 방문교수가 되었고, 1940년에는 정식 교수가 되었다. 미국의 공과대학에서 최초의 여성 교수가 되는 순간이었는데, 당시 릴러언의 나이는 62세였다.

릴리언은 1948년까지 퍼듀 대학에 재직하면서 학부 3~4학년생과 대학원생을 대상으로 산업공학, 산업심리학, 가정관리학 등과

릴리언 길브레스가
강의하는 모습

같은 매우 다양한 수업을 진행했다. 특히, 릴리언은 퍼듀 대학에서 산업공학에 대한 교육을 정착시키는데 크게 기여했으며, 그녀의 수업은 "조직, 시간동작연구, 산업 회계, 공장 설계, 경제 환경과 같은 분야에서 구체적인 문제를 다루는 매우 인기 있는 강좌"로 평가를 받았다. 이와 함께 릴리언은 퍼듀 대학에서 공학을 전공하는 여학생들이 전문가로 성장할 수 있도록 진로를 상담하는 일도 적극적으로 수행했다. 1948년 이후에 릴리언은 위스콘신 대학과 MIT를 비롯한 여러 대학에서 산업공학을 가르치면서 여생을 보냈다.

릴리언 길브레스는 공학 분야에서 우뚝 선 여성이었다. 그녀는 1921년에 산업공학회(Institute of Industrial Engineers, IIE)의 첫 번째 여성 회원이 되었고, 1926년에는 미국기계공학회(American Society of Mechanical Engineers, ASME)의 두 번째 여성 회원이 되었다. 1944년에는 산업공학에 기여한 공로로 남편과 함께 갠트 메달(Gantt medal)을 수상하기도 했으며, 1950년에는 여성엔지니어협회(Society of Women

Engineers, SWE)가 창립되면서 첫 번째 명예회원으로 추대되었다. 1965년에는 국립공학아카데미(National Academy of Engineering, NAE)의 첫 번째 여성 회원으로 발탁되었고, 이듬해에는 공공서비스에 기여한 엔지니어에게 수여하는 후버 메달(Hoover medal)을 여성으로서는 처음으로 받았다. 릴리언은 프린스턴 대학, 브라운 대학, 미시건 대학을 비롯하여 23개의 대학에서 명예 박사학위를 받기도 했다.

릴리언 길브레스는 명강의로 유명한 대학 교수, 컨설팅 회사의 사장, 공학단체의 여성 리더, 대가족을 이끈 어머니의 역할을 충실히 수행하다가 93세까지 장수했다. 그녀는 남성의 지배적인 영역이던 공학 분야에서 여성의 새로운 역할을 창출한 선구자였다.

# 8장

# 닐스 보어
## Niels Bohr

서로 배타적인 것들은 상보적이다

"20세기 물리학에 기여한 보어의 업적은 마땅히 아인슈타인 다음으로 꼽혀야 한다." 『원자폭탄 만들기』로 퓰리처상을 받은 리처드 로즈(Richard Rhodes)가 닐스 보어(Niels Bohr, 1885~1962)의 업적을 평가하면서 쓴 문장이다. 아인슈타인이 현대물리학에서 차지하는 위치는 그 누구도 넘볼 수 없을 만큼 확고하다. 그렇다면 20세기 물리학자 중 두 번째로 꼽히는 보어는 어떤 사람이며, 어떤 업적을 남겼을까?

## 독특한 답안지를 제출한 학생

보어는 1885년에 덴마크의 수도인 코펜하겐에서 태어났다. 아버지 크리스찬 보어(Christian Bohr)는 코펜하겐 대학의 생리학 교수였고, 어머니 엘런 아들러 보어(Ellen Adler Bohr)는 은행업을 하는 부유한 유대인 가문 출신이었다. 보어의 집안은 매우 화목했고 교양이 넘쳤다. 어머니는 온화하고 총명했으며, 아버지는 닐스 보어가 훗날 회고했듯이 "내가 바라는 게 무언지" 알아주는 사람이었다. 동생

원자구조의 이해에 기여한 공로로 1922년 노벨 물리학상을 수상한 닐스 보어.

인 하랄 보어(Harald Bohr)는 나중에 유명한 수학자가 되었으며 덴마크 국가대표팀의 풋볼 선수로 활약하기도 했다. 덕분에 닐스 보어는 풋볼을 열정적으로 좋아했다.

보어는 아버지의 영향을 받아 과학자가 되기로 마음먹었다. 아버지는 동료들과 자유로운 분위기 속에서 토론하는 것을 즐겼다. 당시에 자주 토론되었던 주제는 이전 세대에 팽배했던 기계적 물질관을 비판하는 것이었다. 닐스와 하랄은 아버지의 모임에 청중으로 참석해도 좋다는 허락을 받았고, 그 모임을 통해 생물학의 인식론적 문제를 처음으로 접했다. 닐스 보어는 겉으로 보기에는 모순되는 것처럼 보이는 견해들이 현상을 이해하는 데 똑같이 중요하다는 점을 깨달을 수 있었다.

보어는 1903년에 코펜하겐 대학에 입학하여 물리학을 전공했다. 그의 대학 시절에 대해서는 다음과 같은 흥미로운 일화가 전해지고 있다. 보어는 "기압계를 사용해 고층 건물의 높이를 재는 법을 논하라"는 문제로 교수와 실랑이를 벌였다. 교수는 기압이 높이에 따라 달라지기 때문에 이를 이용해 높이를 계산하라는 의도로 문제를 냈다. 그런데 판에 박힌 답을 하기 싫었던 보어는 "건물 옥상에 올라가 기압계에 줄을 매달아 아래로 늘어뜨린 뒤 줄의 길이를 재면 된다."고 답을 써냈다. 중재를 맡은 다른 교수가 "6분을 줄 테니 물리학 지식을 이용해 답을 작성해 제출하라"고 하자 보어는 즉석에서 "기압계를 가지고 옥상에 올라가 아래로 떨어뜨린 뒤 낙하 시간을 잰다. 그럼 건물의 높이는 $1/2gt^2$이다."고 답했다.

문제를 출제한 교수는 이 답안에는 높은 점수를 줬다. 교수가

"또 다른 방법을 생각하지는 않았는가?"라고 묻자 보어는 5가지 다른 독창적인 방법을 제시해 교수를 놀라게 했다. 그중에는 "옥상에서 바닥까지 닿는 긴 줄에 기압계를 매달아 시계추처럼 움직이게 하고 그 주기를 측정하면 줄의 길이를 계산할 수 있다."는 답도 있었다. 보어 자신이 꼽은 가장 좋은 답안은 다음과 같았다. "기압계를 건물 관리인에게 선물로 주고 설계도를 얻는다."

이런 식으로 보어는 코펜하겐 대학에서 줄곧 화제의 인물이 되었다. 특히 그는 이론에도 밝고 실험도 잘하는 촉망받는 물리학도였다. 보어는 1906년에 이미 왕립과학아카데미에서 주는 황금 메달을 수상하기도 했다. 물의 표면장력을 정확히 측정해 냈기 때문이었다. 그의 연구는 실험적으로나 이론적으로나 매우 철저하고도 원숙하게 이루어졌다는 평가를 받았다.

## 보어의 재능을 알아본 러더퍼드

보어는 26세가 되던 1911년에 「금속의 전자이론에 관한 연구」라는 논문으로 박사학위를 받았다. 그 논문은 철저하게 이론적인 것으로 보어가 금속의 전자이론에 정통해 있다는 점을 잘 보여주었다. 박사학위를 받은 후에 보어는 1년 동안 해외에 나가 공부할 수 있는 칼스버그(Carlsberg, 덴마크어로는 카를스베르) 장학금을 받았다. 그는 전자를 발견했던 조지프 톰슨(Joseph John Thomson; J. J. Thomson) 밑에서 더욱 깊은 공부를 하겠다는 생각으로 케임브리지

대학의 캐번디시 연구소로 갔다.

보어의 기대와 달리 케임브리지에서의 생활은 순탄하지 않았다. 톰슨에게는 이미 많은 연구생들이 있었기 때문에 보어가 톰슨을 만나기는 쉽지 않았다. 게다가 보어는 말을 더듬는 데다가 영어에도 서툴렀고, 톰슨은 이를 달갑게 여기지 않았다. 한번은 보어가 "전하를 띤다."는 말을 "전기를 탑재한다."라고 표현하자 톰슨은 보어의 생각을 무시해 버리면서 제대로 된 용어로 다시 얘기하라고 재촉했다. 보어는 영어 사전과 덴마크어 사전을 옆에 끼고 찰스 디킨스의 작품을 읽으면서 영어 실력을 키워 나갔다.

1911년 10월에 보어는 캐번디시 연구소의 연례 만찬에 참석했는데, 만찬 후에는 톰슨의 제자 격인 러더퍼드(Ernest Rutherford)의 강연을 들었다. 강연이 끝난 후에 보어와 대화를 나눈 러더퍼드는 보어의 열정과 활기에 깊은 인상을 받았다. "이 덴마크 청년은 내가 만났던 그 어떤 사람보다도 똑똑하다."는 것이었다. 결국 보어는 톰슨의 가르침을 받고 싶다는 소망을 버리고 1912년 3월에 러더퍼드가 재직 중이던 맨체스터 대학으로 자리를 옮겼다.

러더퍼드는 뉴질랜드 출신의 물리학자로 1908년에 원소의 분해와 방사성 물질의 성질을 연구한 공로로 노벨 화학상을 받은 인물이었다. 그는 물리학자인 자신이 노벨 화학상 수상자로 선정되었다는 소식을 듣고는, "내가 물리학자에서 화학자로 전환된 것은 원소의 변환보다 더욱 놀라운 일이다"고 말했던 것으로 전해진다. 하지만 당시에 새로운 분야로 부상한 핵과학(nuclear science)에서는 물리학과 화학이 긴밀한 관계를 유지하고 있었다. 마리 퀴리(Marie Curie)

가 1903년 노벨 물리학상과 1911년 노벨 화학상을 수상한 것도 이러한 맥락에서 이해할 수 있다.

러더퍼드는 자신의 선생인 톰슨과 여러모로 달랐다. 러더퍼드는 젊은 과학자들의 연구에 보다 직접적으로 관여하면서 적절한 조언을 했다. 또한 톰슨은 나이가 들면서 주로 혼자서 연구했지만, 러더퍼드는 공동으로 연구하는 것을 즐겼다. 과학의 측면에서도 보어가 톰슨과 헤어지고 러더퍼드를 만난 것은 다행이었다. 러더퍼드의 원자모형을 바탕으로 보어가 새로운 원자모형을 제안했고 그 업적으로 노벨 물리학상까지 수상했으니 말이다.

1909년부터 러더퍼드는 원자구조에 대한 획기적인 인식을 낳았던 실험을 수행하고 있었다. 그의 실험은 알파입자(헬륨 핵)를 얇은 금박에 쏘는 것이었다. 대부분의 알파입자는 금박을 통과했지만, 종종 큰 각도로 비껴가거나 심지어는 반사되는 것조차 발견되었다. 금박을 이루는 원자의 특정한 부분과 알파입자 사이에 마치 강한 반발력이 존재하는 것 같았다. 러더퍼드는 1911년에 이러한 실험결과를 설명하기 위해 원자의 중심에 태양계의 태양과 비슷한 원자핵이 있고, 행성이 태양 주위를 회전하듯이 핵 주위를 전자가 회전하는 원자모형, 즉 행성 모형을 주장했다.

러더퍼드의 원자모형은 자신의 실험결과를 설명하는 데는 적합했지만, 그 모형으로는 수소원자의 불연속적인 스펙트럼을 설명할 방법이 없었다. 그보다 더욱 큰 문제는 러더퍼드의 원자모형이 고전 전자기학과 모순된다는 점이었다. 맥스웰의 전자기이론에 의하면, 원운동과 같은 가속운동을 하는 전자는 빛을 내면서 에너지를 잃어

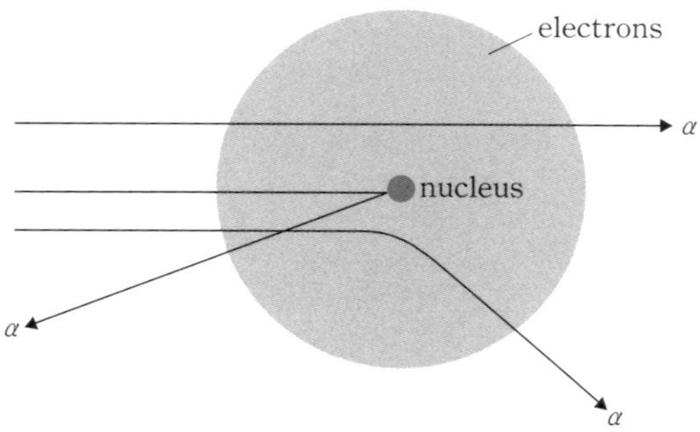


원자구조의 이해에 기여한 공로로 1922년 노벨 물리학상을 수상한 닐스 보어.

야 했으며, 그 결과 순식간에 핵으로 빨려 들어가야 했다. 따라서 러더퍼드의 모형이 수용되기 위해서는 전자가 왜 핵으로 빨려 들어가지 않고 안정한 상태에 머물러 있는지가 설명되어야 했다. 보어는 맨체스터에서 러더퍼드와 공동연구를 하면서 물질을 구성하는 전자나 원자의 구조와 같은 보다 근본적인 문제에 흥미를 느끼게 되었다.

## 새로운 원자모형을 제안하다

보어는 1912년 7월에 코펜하겐으로 돌아왔으며, 8월에는 수학자 뇌룬(Niels Erik Nørlund)의 여동생인 마르그레테(Margrethe Nørlund)와 결혼했다. 보어는 예민한 성품의 소유자였기 때문에 계속해서 그에게 공감과 이해를 보여주는 것이 필요했다. 다행히 아내는 별로 어렵지 않게 보어의 스타일에 적응했고, 덕분에 보어는 매우 행복한 생활을 영위할 수 있었다. 두 사람 사이에는 여섯 자녀가 태어났는데, 그 중 아게 보어(Aage Niels Bohr)는 아버지를 이어 훌륭한 이론물리학자로 성장해 1975년 노벨 물리학상을 수상했다.

1912년 가을에 보어는 코펜하겐 대학의 조교가 되었다. 당시에 그는 러더퍼드의 원자모형이 설명할 수 없었던 수소원자의 스펙트럼에 대한 연구를 진행하고 있었다. 스위스의 물리학자인 발머(Johann Balmer)가 1885년에 제시한 수소의 선스펙트럼에 대한 공식을 수소의 원자구조로부터 설명할 수 있는 이론을 구축하는 것이 목적이었다. 처음에 보어는 고전물리학을 사용해서 러더퍼드의 원자모형의 문제를 해결하려고 했다. 이러한 시도가 성공을 거두지 못하자 보어는 플랑크(Max Planck)의 가설을 사용해 보았다. 플랑크의 가설도 러더퍼드의 원자가 왜 안정한지를 설명하지 못했다. 두 가지 시도가 모두 실패하자 보어는 자신의 독자적인 이론을 고안하기로 했다.

보어의 설명은 다음의 두 가지 가정에 의존하고 있었다. 첫 번째 가정은 전자가 핵으로부터 일정한 거리만큼 떨어진 특정한 궤도상에만 존재한다는 것이었다. 두 번째 가정은 전자가 높은 에너지 궤도에서 낮은 에너지 궤도로 떨어지면서 빛을 방출하고, 낮은 에너지 궤도에서 높은 에너지 궤도로 올라가면서 빛을 흡수하며, 빛을 방출하거나 흡수하지 않으면 일정한 궤도에 머무른다는 것이었다. 그리고 보어는 전자가 높은 에너지($E_2$)의 궤도에서 낮은 에너지($E_1$)의 궤도로 전이할 때 방출되는 빛의 진동수($\nu$)는 $\nu=(E_2-E_1)/h$라는 관계를 만족시켜야 한다고 주장했다. 보어의 주장은 수소원자의 불연속적인 스펙트럼과 전자의 안정 상태 모두를 만족스럽게 설명할 수 있었다.

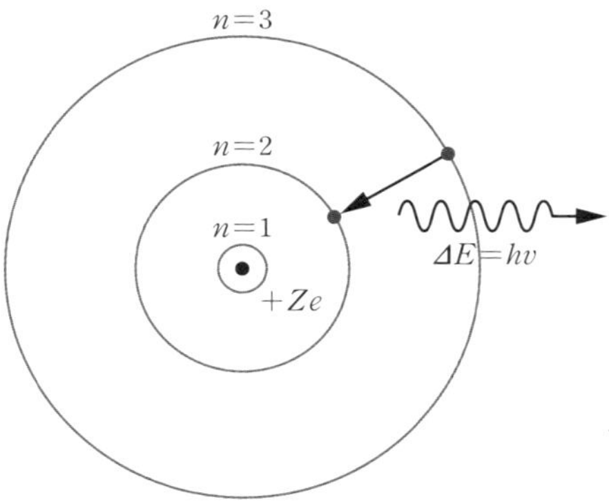


보어의 원자모형(궤도 모형)에 관한 개념도

보어는 1913년에 「원자 및 분자의 구성에 관하여」라는 논문을 통해 자신의 원자모형을 세상에 알렸다. 같은 해에 보어는 또 하나의 성과를 냈다. X선 스펙트럼이 보여주는 현상을 전자의 양자도약과 일치시켰던 것이다. 1914년에는 보어의 연구성과를 바탕으로 러더퍼드의 제자인 모즐리(Henry Moseley)가 주기율표의 정확한 배열을 알아냈다. 모즐리는 원소들을 X선 스펙트럼으로 분석한 결과를 산출한 뒤 그것을 바탕으로 각 원소에 원자번호를 배정했다.

그러나 많은 물리학자들은 보어의 원자모형을 달갑게 여기지 않았다. 1913년 가을에 독일의 괴팅겐에서 머물고 있던 하랄 보어는 형에게 다음과 같은 편지를 보냈다. "사람들은 형의 논문에 대해 많은 흥미를 느끼고 있습니다. 하지만 저는 대부분의 젊은 과학자들이 그것을 객관적 사실로 믿으려고 하지 않는다는 인상을 받았습니다. 그들은 형의 가정이 너무 대담하고 환상적이라고 생각하고 있습니다."

사실상 보어의 원자모형은 정량적이라기보다는 정성적인 성격이 강했고, 이에 따라 당시 대륙의 과학자들은 보어의 원자모형에 회의적인 반응을 보였다. 이러한 한계는 독일 뮌헨 대학의 이론물리학자인 조머펠트(Arnold Sommerfeld)에 의해 극복될 수 있었다. 그는 1916년에 타원궤도를 가정하고 새로운 양자조건을 도입한 후 수소 원자의 미세구조를 해명했으며, 그것을 바탕으로 수소 스펙트럼의 문제를 정확히 풀어냈다. 이와 같은 조머펠트의 개선이 있은 후에야 비로소 많은 과학자들은 '보어-조머펠트 원자모형'이라는 이름으로 보어의 견해를 수용할 수 있었다.

보어의 원자모형은 고전물리학과 미지의 새로운 물리학 사이에 어중간하게 걸친 타협안처럼 보이기도 했다. 전자가 원자핵 주변의 명확히 규정된 궤도를 선회한다는 점에서 보어의 모형은 고전적이었다. 고전물리학과의 차이는 전자들이 궤도를 바꿀 수 있다는 것뿐이었다. 이에 대하여 유명한 과학사학자이자 과학철학자인 토머스 쿤(Thomas S. Kuhn)은 보어가 원자모형을 창안하는 과정에서 고전물리학과 현대물리학을 무의식적으로 넘나들었으며, 그것은 마치 16~17세기 과학혁명 때 케플러가 전통과 혁신 사이를 오간 것과 비슷하다고 주장한 바 있다.

오늘날의 원자모형은 보어의 원자모형에 기초를 두고는 있지만 조금 다르다. 보어의 원자모형은 전자가 입자의 성질만 가진다는 가정에서 성립한다. 그런데 이후에 전자의 파동성이 밝혀지면서 보어가 말한 것처럼 전자가 원자핵 주위를 원운동하지는 않는 것으로 밝혀졌다. 이 때문에 전자의 궤도나 에너지를 어느 하나의 값으로 정할 수는 없고, 다만 전자가 그 위치에 존재할 확률이 가장 높은 것으로 해석된다. 이에 따라 오늘날에는 양자역학의 확률적 해석에 입각하여 오비탈(orbital) 개념을 활용함으로써 원자모형을 나타낸다.

보어가 새로운 원자모형을 제안한 것은 이후에 제1차 양자혁명으로 평가되었다. '제1차'라는 말은 아직 양자이론이 충분하지 않다는 의미를 담고 있었다. 양자이론에 대한 역학적 설명은 1925~1926년에 하이젠베르크(Werner Heisenberg)의 행렬역학과 슈뢰딩거(Erwin Schrödinger)의 파동역학을 통해 제시되었고, 그것은 제2차 양자혁명으로 불린다. 제2차 양자혁명을 통해서는 고전물리학에 몇 가지 새로운 가정을 끼워 넣는 정도가 아니라 고전적인 설명을 완전히 폐기하고 새로운 양자역학을 건설하는 작업이 전개되었다.

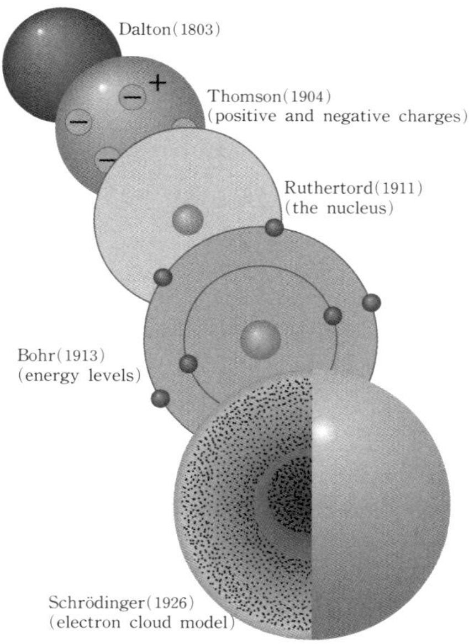


시대에 따른 원자모형의 변화. ① 돌턴에게 원자는 쪼개지지 않는 것이었다. ② 조지프 톰슨은 양전하와 음전하가 골고루 퍼져 있는 건포도 푸딩 모형을 제안했다. ③ 러더퍼드는 원자핵이 가운데 있고 전자가 핵 주위를 회전한다는 행성 모형을 제안했다. ④ 보어는 전자가 일정한 궤도를 따라 운동한다는 궤도 모형을 제안했다. ⑤ 오늘날에는 전자가 원자핵 주변에 구름처럼 퍼져 있다고 간주하고 전자의 궤도를 확률 분포로 나타내는 전자구름 모형이 받아들여지고 있다.

## 보어 연구소의 코펜하겐 정신

1914년 초에 코펜하겐 대학은 보어에게 교수직을 제안했다. 그때 러더퍼드는 맨체스터 대학에 2년 임기의 강사직을 맡아달라는 내용의 편지를 썼다. 학생들을 가르치거나 행정적인 업무 없이 자유롭게 연구할 수 있는 자리였다. 보어는 코펜하겐 대학의 양해를 얻어 다시 한번 러더퍼드와 일할 기회를 잡았다. 보어는 아내와 함께 영국으로 건너간 후 2년 동안 맨체스터 대학에서 연구했다.

1916년에 보어는 30세의 나이로 코펜하겐 대학의 교수가 되었다. 덴마크 최초의 이론물리학 교수였다. 그 후 몇 년 동안 보어는 여러 연구 성과를 발표했다. 그는 1922년에 원자번호 72의 새로운 원자를 발견했고, 그것은 코펜하겐에 대한 라틴 식 이름인 하프늄(hafnium)으로 명명되었다. 같은 해에 보어는 원자구조의 이해에 기여한 공로로 노벨 물리학상을 수상했는데, 수상 연설을 통해 하프늄의 발견을 공표하는 상황을 연출하기도 했다. 그러나 보어와 함께 고전 양자론의 발전에 크게 기여한 조머펠트는 아깝게도 노벨상 수상의 기회를 놓치고 말았다.

이에 앞서 1921년에는 덴마크 정부와 칼스버그 양조회사의 지원을 바탕으로 코펜하겐 대학에 이론물리학 연구소가 설립되었다. 보어는 연구소의 소장을 맡아 성심껏 운영했고, 이에 따라 이론물리학 연구소는 '보어 연구소'로 회자되었다. 덴마크의 보어 연구소는 독일의 괴팅겐 대학, 영국의 캐번디시 연구소와 함께 현대물리학의 산실이 되었다. 사실상 양자역학의 성립과 발전에 공헌했던 거의 모든 이론가들이 1920~1930년대에 코펜하겐을 거쳐 갔다. 하이젠베르크의 행렬역학, 파울리의 배타 원리, 윌렌벡(George Uhlenbeck)과 호우트스미트(Samuel Goudsmit)의 스핀 개념 등이 보어 연구소에서 나왔으며, 불확정성 원리(uncertainty principle)와 상보성 원리(complementarity principle)도 그 연구소에서의 토론에 근거한 것이었다.

당시 보어 연구소의 독특한 분위기를 나타내는 용어로는 '코펜하겐 정신(Copenhagen spirit)'이 자주 사용된다. 그것은 격식을 따지지 않는 자유분방한 분위기를 의미한다. 1928~1929년에 보어 연구소에 머물렀던 조지 가모프(George Gamow)는 다음과 같이 썼다. "보어 연구소에서의 연구는 완전히 자유였다. 아침엔 원하는 대로 늦게 나올 수 있었고, 밤에도 원하는 만큼 늦게까지 머무를 수 있었

1930년대 보어 연구소의 강의실 모습

다. 그곳에서는 연구소에 있는 동안 탁구를 치든, 물리학에 대해 토론을 하든, 그밖에 무슨 일을 하던 아무도 상관하지 않았다."

보어는 자신의 주위에 몰려든 젊은 과학자들에게 선입관을 버리고 인간이 생각할 수 있는 모든 방법을 동원해 새로운 길을 찾도록 권고했다. 그리고 보어 자신은 한참 아래의 젊은이들이 어떠한 의견을 내더라도 경청할 준비가 되어 있었다. 때때로 산책을 하면서 젊은 과학자와 단 둘이서 자유로운 대화를 즐겼던 사람도 보어였다. 이 때문에 보어 그룹은 '소요학파(逍遙學派, Peripatetic school)'라는 별명을 얻기도 했다. 보어가 내건 거의 유일한 규칙은 "어느 누구도 모국어만을 고집해서는 안 된다."는 것이었다. 그 자신도 덴마크어, 독일어, 영어를 섞어 말했다.

보어 연구소를 거쳐 간 인물 중에는 일본 현대물리학의 아버지로 불리는 니시나 요시오(仁科芳雄)도 있다. 그는 1923~1928년에 보어 연구소에서 공부한 후 일본으로 돌아가 코펜하겐 정신을 전파하는 데 앞장섰다. 니시나는 양자역학 분야에서 중요한 연구업적을 남겼고 이화학연구소(理化學硏究所, Rikagaku Kenkyusho)에서 핵심적인 관리자로 활동했으며 자유로운 토론과 적절한 격려로 후학을 양성했다. 그는 일급 연구자, 뛰어난 관리자, 훌륭한 선생이라는 세 가지 역할을 성공적으로 수행함으로써 일본 과학자사회의 성장과 연구 수준의 향상에 크게 기여했다. 1930년대 이후에 일본의 입자물리학이 세계적 수준으로 발전하고 1949년에 유카와 히데키(湯川秀樹)가 노벨 물리학상을 받은 것도 니시나 그룹의 연구전통에서 비롯되었다.

조지 가모프가 『물리학을 뒤흔든 30년』에서 닐스 보어와 레프 란다우(Lev Landau)에 대해 풍자적으로 그린 그림. 러시아 출신의 과학자로서 1962년 노벨 물리학상을 수상한 란다우는 자신의 의견을 일방적으로 계속 얘기하는 것으로 유명했다. 란다우는 입에 재갈이 물렸고 손에는 수갑을 찼으며 몸이 의자에 묶였음에도 불구하고 무엇인가 얘기하려고 애쓰고 있다. 옆에 있는 보어는 "제발 란다우, 나도 한마디만 하자"라고 말하고 있다.

1920년대를 통하여 보어는 두 가지 원리를 제안함으로써 양자혁명을 성공적으로 이끄는 데 기여했다. 그중 하나는 1923년에 발표된 대응원리(correspondence principle)이다. 새로운 이론은 이전의 이론으로 설명이 가능했던 모든 현상을 다시 설명할 수 있어야 한다는 것이었다. 당시에는 새로운 이론이 필요는 하지만 그렇다고 해서 기존의 이론을 완전히 부정할 수도 없는 상황이었다. 보어는 이러한 고민을 해결하는 과정에서 원자 자체를 연구하기 전에는 고전물리학으로 여러 현상을 잘 설명해 왔다는 점과 새로운 이론은 미시적인 현상뿐만 아니라 통상적인 현상에도 적용될 수 있어야 한다는 점을 동시에 강조했다. 대응원리는 양자이론뿐만 아니라 상대성이론에도 적용될 수 있으며, 결국 보어는 대응원리를 통해 고전물리학과 현대물리학의 소통가능성을 보여주었던 것이다.

보어는 1927년에 「양자이론의 철학적 기초」라는 제목의 강연에서 상보성 원리를 발표했다. 그것은 행렬역학과 파동역학에서 발견된 계산 형식을 인식론적으로 어떻게 해석되어야 하는가에 대한 격렬한 토론을 바탕으로 제안되었다. 상보성 원리에 따르면, 파동 또는 입자라는 전혀 다른 배타적인 모델로 원자의 세계를 측정할 수 있지만 원자 차원의 현상을 완전하게 기술해 내기 위해서는 두 모델 모두가 반드시 필요하다. 다시 말해 모든 물리적 현상에는 양면성이 있으며 각자 다른 입장에서 관찰한 결과는 부분적으로는 옳지만, 전체적으로는 그렇지 않다는 것이다. 보어는 상보성 원리를 "서로 배타적인 것들은 상보적이다(Contraria sunt complementa)"란 말로 압축했다.

보어는 상보성 원리를 물리학뿐만 아니라 다른 과학 분야와 사상 전반에도 적용되는 원리로 이해했다. 그는 생명 현상을 설명하는 두 방식인 물리적 분석 방법과 기능적 분석 방법이 서로 정반대의 입장으로 이해되고 있지만 사실은 상보적으로 이해되어야 한다고 생각했다. 더 나아가 보어는 인류 사회를 발전시키기 위해서는 유전적 측면뿐만 아니라 역사적 전통도 중요하게 고려되어야 하며, 이 두 가지가 상보적인 것이라고 강조했다. 이러한 근거에서 그는 당시 독일에서 맹위를 떨치고 있었던 인종차별에 반대하는 입장을 취했다.

## 아인슈타인과 보어의 논쟁

상보성 원리는 불확정성 원리와 함께 양자역학의 확률적 성격을 표현한 것으로서 양자역학에 대한 지배적인 해석, 즉 '코펜하겐 해석(Copenhagen interpretation)'으로 자리 잡았다. 그러나 양자역학은 여전히 하나의 수수께끼로 남아 있다. 1965년 노벨 물리학상을 수상한 파인먼(Richard Feynman)은 "나는 양자역학을 이해하는 사람은 아무도 없다고 말해도 좋으리라 생각한다."고 말했고, 1969년 노벨 물리학상을 수상한 겔만(Murray Gell-Mann) 역시 "양자역학은 우리 가운데 누구도 제대로 이해하지 못하지만 사용할 줄 아는 무척 신비하고 당혹스러운 것이다."고 했다.

이에 따라 양자역학의 성격을 놓고 수많은 논쟁이 벌어졌는데, 특히 솔베이 회의(Conseils Solvay)는 그러한 논쟁의 중심에 서 있었다. 그 회의는 탄산나트륨의 공업적 제조법을 발명한 벨기에의 공업화학자 솔베이(Ernest Solvay)가 마련한 기금으로 운영되었으며, 1911년부터 1949년까지 두 차례의 세계대전을 제외하고 3년마다 한 번씩 브뤼셀에서 열렸다. 가장 중요한 논객은 아인슈타인과 보어였다. 아인슈타인은 양자역학의 추종자들에게 "신은 주사위 놀이를 하지 않는다(God does not play dice)."고 말했고, 이에 대해 보어는 "아인슈타인, 신에게 이래라 저래라 하지 마세요(Einstein, Stop telling God what to do)."라고 응수했다.

두 사람은 양자역학에 대해 많은 논쟁을 했는데, 그중에서 가장 극적인 논쟁은 1930년에 이루어졌다. 당시에 아인슈타인은 한 가지 사고실험을 제안했다. 그것은 광자(빛 입자)의 에너지뿐만 아니라 광자가 관여하는 시점도 정밀하게 결정하는 실험이었다. 아인슈타인이 만든 상황은 다음과 같다. 단순하게 생긴 상자가 하나 있다. 상

1927년에 개최된 제5차 솔베이 회의 때 찍은 사진. 20세기 물리학을 이끌었던 플랑크, 마리 퀴리, 로렌츠, 아인슈타인, 보어, 드브로이, 슈뢰딩거, 하이젠베르크, 파울리, 디랙 등이 모두 모여 있다. 참석자 29명 중 17명이 노벨상을 받았으며, 여성으로는 마리 퀴리가 유일했다.

자 안은 밝다. 다시 말해 그 안에는 광자(photon)가 있다. 상자 내부에는 시계가 하나 있는데, 그 시계는 빗장을 작동시켜 우선 한 쪽 벽에 있는 작은 구멍을 잠그게 만든다. 빗장 장치의 구멍이 뚫리면 바로 광자가 상자로부터 벗어날 수 있다. 이제 사람들은 상자를 열기 전에 전후의 무게를 잴 수 있다. 그럼으로써 광자의 무게, 따라서 광자의 에너지를 알게 된다. 그것도 정확하게 예정된 시점, 즉 시계에 입력된 시점을 아는 것이다.

하이젠베르크의 불확정성 원리에 따르면 에너지와 시간은 동시에 결정될 수 없기 때문에 아인슈타인의 사고 과정에 문제가 없다면 코펜하겐 해석은 오류로 판명될 터였다. 보어는 아인슈타인의 논거가 가진 약점을 찾기 위해 브뤼셀에서 잠 못 드는 밤을 보냈다. 드디어 보어는 만족스러운 해결책을 찾아냈는데, 역설적이게도 아인슈타인의 일반상대성이론이 여기에 기여했다.

보어의 논변을 재구성해 보면 다음과 같다. 상자를 용수철저울에 매단다. 저울 바늘을 읽어 용수철의 상태와 상자의 무게를 알아낸다. 그리고 빗장이 열려 광자가 달아나면 용수철은 상승하게 되고 잠시 후 상자의 무게를 재면 광자의 무게를 알 수 있다. 그런데 용수철의 운동이 정지하기까지 약간의 시간이 소요된다. 그때 시계는 지구의 중력장 안에서 움직인다. 아인슈타인의 일반상대성이론에 따르면 중력은 시계의 작동에 변화를 준다. 그렇다면 광자가 상자를 떠난 시점을 정확하게 결정할 수 없는 문제점이 발생한다. 그것은 바로 코펜하겐 해석이 강조하는 불확정성에 다름 아니었다.

아인슈타인과 보어는 최고의 라이벌이었지만 양자역학의 발전을 이끈 선후배 사이이기도 했다. 그들은 1920년 베를린에서 처음

1925년 12월에 보어와 아인슈타인이 라이덴에 위치한 에렌페스트(Paul Ehrenfest)의 집에서 양자이론에 대해 토론하는 모습. 당시에 에렌페스트는 누구의 편을 들어야 할지 괴로워했다고 한다.

만났다. 당시에 두 사람은 마치 오래전부터 알던 사이처럼 양자역학에 대해 즐겁게 얘기를 나누었다고 한다. 두 사람에게는 노벨 물리학상을 같은 날에 수상한 인연도 있다. 아인슈타인은 1921년 노벨 물리학상 수상자였고 보어는 1922년 수상자였는데, 아인슈타인의 시상식이 1년 늦춰지면서 1922년에 보어와 함께 노벨 물리학상을 받았던 것이다. 당시에 보어는 매우 당황하여 자신은 이런 명예를 받을 자격이 없다고 전 세계에 알렸다. 그때 아인슈타인은 이렇게 답했다. "친애하고 또 친애하는 보어! 나는 당신의 우려를 매우 고무적으로 생각합니다. 정말 당신다운 일입니다. 당신의 새로운 연구 때문에 당신의 정신에 대한 나의 애정은 더욱 커졌습니다."

보어의 연구는 계속되었다. 1936년에 그는 조지 가모프가 처음 주장했던 원자핵이 액체 방울과 비슷하다는 생각을 더욱 발전시켰다. 물방울을 구성하는 분자들 사이의 결합력이 달라짐에 따라 물방울의 모양이 변하듯이, 원자핵의 모양도 양성자와 중성자 사이의 상호작용에 따라 변해야 한다는 것이었다. 그 이론은 1939년에 발견된 핵분열 현상을 설명하는 데 사용되기도 했다.

## 하이젠베르크가 보어를 찾아간 까닭은?

제2차 세계대전은 보어의 인생에도 커다란 영향을 미쳤다. 1940년에 나치 독일은 덴마크를 점령했지만 보어는 계속해서 덴마크에 머물렀다. 당시에 그는 동료들이 나치의 박해를 피할 수 있도록 물심양면으로 도우는 일을 도맡아 했다. 나치 정부는 보어의 연구소에 스파이를 침투시키기도 했지만, 스파이가 적시에 발각되는 바람에 보어는 위험을 면할 수 있었다. 보어가 유대인 혈통을 이어받았기 때문에 곧 투옥될 것이라는 소문도 퍼졌다.

1941년 9월의 어느 날, 하이젠베르크는 자신의 스승인 보어가 있던 코펜하겐에 갔다. 당시에 하이젠베르크는 독일의 원자탄 연구개발 조직인 '우라늄 클럽(Uranverein)'을 이끌고 있었다. 하이젠베르크는 보어가 감시를 받고 있다는 사실을 알고는 연구소에서 멀리 떨어진 후미진 곳에서 몰래 만나자고 했다. 그러나 보어는 하이젠베르크와 대화를 나눌 준비가 전혀 되어 있지 않았다. 하이젠베르크가 원자탄을 언급하는 순간 보어는 즉시 분노에 휩싸였다. 두 사람의 대화는 그렇게 끝나고 말았다.

그렇다면, 하이젠베르크는 왜 보어를 찾아갔는가? 이것은 유명한 과학연극 〈코펜하겐〉이 제기하고 있는 질문이다. 하이젠베르크가 독일의 승리를 확신하면서 연합군의 원자탄 연구를 중지시키

하이젠베르크와 보어가 함께 한 모습(1934년)

는데 보어가 영향력을 발휘해 달라고 요청했을까? 아니면 독일과 연합군의 양쪽 과학자들 모두가 원자탄을 만들지 않는다는 협정을 목표로 했을까? 그것도 아니면, 원자탄으로 숱한 고민을 하고 있었던 하이젠베르크가 스승으로부터 위안을 받고자 했던 것일까? 〈코펜하겐〉은 원자탄 연구에 대해 끊임없이 변호하는 하이젠베르크가 스스로의 정당성을 입증하려고 하면 할수록 오히려 더욱 혼란스러운 상황에 빠지고 만다는 점을 여실히 보여주고 있다.

보어는 1943년에 가족과 함께 어선을 타고 덴마크를 탈출해 중립국인 스웨덴으로 향했다. 보어는 다시 영국으로 건너가 원자탄을 제작하기 위한 프로젝트에 참여했다. 당시에 보어가 너무 큰 머리 때문에 생사의 고비에 처했다는 일화도 전해진다. 독일의 비밀경찰에 쫓기던 보어는 영국 폭격기를 타고 도주하던 중이었다. 그는 만일의 사태에 대비하여 폭탄 투하구 부근에 앉아 있었다. 보어에게는 조종사와 교신하도록 송수신기가 주어졌지만 보어의 머리에 헤드폰은 너무 작았다. 조종사는 높은 고도로 올라가면서 산소마스크를 착용하라고 송수신기를 통해 말했지만, 헤드폰을 끼지 못한 보어는 그 말을 들을 수 없었다. 결국 조종사는 폭탄 투하구에 누워 산소 부족으로 의식불명의 상태가 된 보어를 발견했다고 한다.

보어는 영국에 몇 개월 동안 머문 뒤 미국의 로스알라모스로 갔다. 그는 맨해튼 계획의 과학 고문이 되어 '니콜라스 베이커(Nicholas Baker)'라는 암호명으로 활동했다. 아게 보어는 '제임스 베이커(James Baker)'라는 이름으로 아버지의 조수 노릇을 했다. 닐스 보어는 루스벨트와 처칠을 만나 연합국이 소련과 정보를 공유함으로써 핵무기 경쟁을 미리 막자고 설득하기도 했지만, 그러한 요청은 진지하게 받아들여지지 않았다. 보어는 원자탄과 같은 치명적인 무기가 존재한다는 사실이 모든 나라에 똑같이 위협이 되기 때문에 전 세계가 원자탄을 절대로 사용하지 않겠다는 합의에 도달하게 될 것으로 믿었다.

## 열린 세계를 위한 노력

제2차 세계대전이 끝난 뒤 보어는 고국으로 돌아왔다. 1955년까지 코펜하겐 대학에서 교편을 잡았으며, 퇴직한 후에도 이론물리학연구소 소장으로 계속 재임했다. 그는 덴마크 왕립과학아카데미의 회장을 역임했고, 덴마크 원자력위원회 의장도 지냈다. 또한 영국의 왕립학회를 포함하여 20개가 넘는 학회의 외국 회원으로 활동했다. 행정적인 일이 많았음에도 불구하고 보어는 평생동안 200편이 넘는 과학 논문을 발표했다. 1947년에 보어는 과학자로는 처음으로 덴마크 국왕으로부터 기사도 훈장(order of the elephant)을 받으면서 "서로 배타적인 것들은 상보적이다."가 적힌 문장(coat of arms)을 직접 설계하기도 했다.

세계 평화를 위한 보어의 노력도 계속되었다. 그는 1950년에 다음과 같은 공개서한을 유엔에 보냈다. "인류가 계속 생존하려면 분명히 국제사회의 철저한 대응이 필수적입니다. 과학의 진보는 오로지 인류를 위해서만 사용된다는 보증이 있어야 하겠습니다. … 최

1947년에 기사도 훈장을 받으면서 보어가 설계한 문장

고의 목표는 열린 세계입니다. 이 열린 세계는 모든 국가가 오로지 공동의 인류 문화에 공헌함으로써, 그리고 자신들의 경험과 수단으로 다른 국가에 도움을 줌으로써 가능할 것입니다. 완전한 개방만이 서로 간의 신뢰를 효과적으로 촉진하고 공동의 안위를 보장할 수 있습니다." 보어의 상보성 개념에 친숙한 사람이라면 누구나 쉽게 받아들일 수 있는 내용이었다.

보어는 세계 물리학계의 국제적 협력을 증진하는 데에도 적극적이었으며, 1954년에는 유럽입자물리연구소(Conseil Europeen pour la Recherche Nucleaire, CERN)의 설립자 명단에 자신의 이름을 올렸다. 그는 1955년에 제네바에서 열린 제1회 원자에너지의 평화적 이용에 관한 국제회의에서도 핵무기 통제를 위해 국제적으로 노력할 것을 당부했으며, 1957년에는 평화를 위한 원자상(Atoms for Peace Award)의 첫 번째 수상자로 선정되기도 했다. 보어는 1962년에 77세의 일기로 세상을 떠났다. 아게 보어는 아버지의 뒤를 이어 코펜하겐 대학 이론물리학 연구소의 소장이 되었고, 1965년에는 연구소 이름을 닐스 보어 연구소로 바꾸었다.

조지프 톰슨의 아들로 1937년 노벨 물리학상을 수상한 조지 톰슨(George Paget Thomson)은 보어가 과학계에 미친 공헌을 다음과 같이 요약했다. "출판된 논문만을 가지고 보어가 과학계에 끼친 영향을 전부 평가할 수는 없다. 그는 갈릴레오와 뉴턴 이래 가장 근본적인 과학의 변화를 앞장서서 이끌었다. 세계의 많은 과학자들이 보어의 뛰어난 업적에 무한한 찬사를 보냈으며, 누구와도 비교할 수 없을 만큼 큰 애정을 품었다. 그가 어떤 사람이었는가 하는 점이 그의 과학적 업적보다 더 중요하다." 보어는 세대 간에 다리를 놓고 다음 세대를 키워낸 훌륭한 스승이자 리더였다.

9장

# 라이너스 폴링
Linus Pauling

두 개의 노벨상에 얽힌 사연

라이너스 폴링(Linus C. Pauling, 1901~1994)은 20세기와 함께 한 대표적인 과학자이다. 그는 1954년 노벨 화학상과 1962년 노벨 평화상을 모두 단독으로 수상한 이채로운 경력을 가지고 있다. 과학의 역사상 한 과학자가 과학 분야의 노벨상과 다른 분야의 노벨상을 동시에 받은 경우는 폴링이 유일하다. 그만큼 그는 과학에서 남다른 능력을 발휘했을 뿐만 아니라 과학의 사회적 문제에 대해서도 적극적으로 대처했다.

## 친구 덕분에 입문한 화학

폴링은 1901년 2월 28일에 시멘트 생산지로 유명한 미국 오리건 주의 포틀랜드에서 태어났다. 독학으로 약사가 된 아버지는 배움이 성공에 이르는 길이라고 굳게 믿고 있었다. 폴링의 집안에는 예사롭지 않은 사람들이 많았다. 아버지는 신비한 약을 만드는 것을 좋아했는데, 그 중에는 '창백한 사람들을 위한 분홍색 알약'도 있었다. 폴링의 숙모는 유명한 금고털이였고 친척 중에는 심령술사도 있었다. 이러한 집안 내력은 폴링이 자

1940년대의 라이너스 폴링

유분방한 성격의 소유자로 성장하게 되는 배경으로 작용했다.

폴링은 어려서부터 책을 좋아했다. 루이스 캐롤의『이상한 나라의 앨리스』에서 단테의『신곡』에 이르는 여러 책을 읽었다. 폴링은 길거리에서 알게 된 카우보이들과도 잘 어울렸다. 그들로부터 인디언 종족을 비롯하여 희귀한 식물과 도구에 대한 이야기를 들었다. 그러한 이야기 중에는 요긴한 것도 있었고 황당한 것도 있었다. 카우보이들과 대화를 나누면서 폴링은 두 가지 인상을 가졌다. 첫째는 지식이 일상생활에서 실제적인 도움을 주어야 한다는 점이었고, 둘째는 어떤 일을 제대로 하려면 정확한 지식을 가져야 한다는 점이었다.

1909년에 폴링의 가족은 시내로 이사하여 제법 큰 약국을 열었다. 그러나 중이 제 머리는 못 깎는다고 했는가? 1910년에 아버지는 33세의 젊은 나이에 위궤양으로 세상을 떠나고 말았다. 그 바람에 어머니는 하숙을 쳐서 생계를 유지해야 했고 어머니의 건강도 점점 나빠졌다. 게다가 아버지와 달리 어머니는 아들의 재능을 인정해 주는 데 인색했다. 이러한 상황에서 폴링은 과묵하고 수줍음을 잘 타는 성격으로 변하기 시작했다.

폴링이 화학에 관심을 가지게 된 것은 친구 덕분이었다고 한다. 한 번은 제프리스(Lloyd A. Jeffress)라는 친구가 황산을 설탕으로 전환하는 실험을 보여 주었는데, 그 실험이 얼마나 신기했는지 폴링이 화학자가 되기로 마음먹었다는 것이다. 이를 계기로 폴링은 아버지가 남겨 놓은 낡은 책으로 화학의 세계에 빠져들기 시작했다. 포틀랜드의 워싱턴 고등학교에 다닐 때도 폴링은 과학 과목과 수학 과목을 많이 수강했다.

1917년에 폴링은 고등학교를 이수한 후 오리건 농업대학(현재 오리건 주립대학)의 화학공학과에 진학했다. 그는 미국사 과목에서 낙제했기 때문에 고등학교를 정식으로 졸업하지는 못했다. 워싱턴 고등학교는 1962년이 되어서야 폴링에게 명예졸업장을 수여했다. 그가 고등학교 졸업장 없이 대학에 입학할 수 있었던 것은 자신이 충분한 자격이 있다는 점을 대학 당국에 설득 시켰기 때문이었다.

## 일하며 공부하는 야무진 대학생

오리건 농업대학은 오리건 주민인 학생에게는 학비를 받지 않았다. 그것은 폴링이 오리건 농업대학을 선택했던 이유이기도 했다. 그러나 생활비를 조달하는 것은 폴링의 몫이었다. 장작을 쪼개고 청소를 하고 고기를 써는 등 닥치는 대로 일을 했다. 2학년 여름 방학 때 아스팔트 성분을 시험하는 일자리를 구해 자신이 쓰고 남은 돈을 집으로 보내는 일도 있었다. 3학년이 시작될 무렵 어머니는 폴링에게 1년 동안 휴학을 하고 집안일을 도와달라고 했다. 폴링은 너무 혼란스러웠고 기운도 빠졌다.

다행히도 폴링의 딱한 사정을 알게 된 교수가 정량화학을 가르칠 수 있는 자리를 마련해 주었다. 정량화학은 화학적 원리와 실험적 기술을 함께 다루는 과목이었다. 폴링은 타고난 열정과 조직적인 접근방법으로 강의에 임했다. 학생들은 곧 폴링이 다른 교수들보다 더욱 훌륭한 강의를 한다고 생각했다. 학생들은 폴링을 '소년 교

오리건 농업대학에서 해석기하학 수업이 이루어지는 광경(1904년)

수(boy professor)'라 부르면서 서로 그의 강의를 들으려고 했다.

대학 시절에 폴링은 초보적인 연구도 수행했다. 그는 루이스(Gilbert Lewis)와 랭뮤어(Irving Langmuir)를 비롯한 당대의 화학자들이 발표했던 화학결합에 대한 논문을 즐겨 읽었다. 폴링은 두 원자 사이에 공유 전자를 가진 화학결합이 생긴다는 사실에 매혹되었고, 원자들의 결합구조와 물리적·화학적 성질이 어떤 관계가 있는지를 탐구했다.

1921~1922년의 겨울학기에는 가정경제학과의 한 여학생이 폴링의 수업을 들었다. 아바 헬렌 밀러(Ava Helen Miller)이라는 당돌한 여학생이었다. 폴링과 아바는 열정적인 사랑에 빠졌고 1923년에 결혼했다. 그때 폴링은 22세, 아바는 20세였다. 두 사람 사이에는 네 명의 자녀가 태어났다. 아바는 폴링을 세심하게 배려했으며, 훗

폴링이 1954년 노벨상 연회에서
아바 헬렌과 춤추고 있는 모습

날 폴링이 정치 활동에 참여했을 때 가장 든든한 후원자가 되었다. 그녀는 시민들이 불의에 대하여 항의할 의무가 있다고 굳게 믿은 사람이었다.

폴링은 1922년 봄에 있었던 오리건 농업대학의 졸업식에서 학생 대표로 연설했다. "자연자원의 개발, 그리고 자연법칙에 대한 연구와 해석에 따라 진보와 성장이 이루어집니다. 그런데 이 과정에서 사회관계는 뒤틀리고, 산업, 정치, 교육 등에 관한 문제가 발생합니다. 국가는 이런 모든 문제들에 대한 해결책을 제시해야 하며, 교육을 받은 사람들이 앞장서기를 희망하고 있습니다. 그렇다면 국민에 대한 봉사야말로 우리가 오리건 농업대학에 보답하는 길입니다."

폴링은 대학을 졸업한 후 패서디나에 소재한 캘리포니아 공과대학(칼텍)의 대학원에 진학했다. 당시 칼텍의 화학과 학과장은 야심찬 물리화학자인 노이즈(Arthur A. Noyes)가 맡고 있었다. 노이즈는 MIT를 졸업한 후 독일의 라이프치히 대학으로 유학을 갔으며, 물리화학의 개척자인 오스트발트(Wilhelm Ostwald)의 지도로 박사학위를 받았다. 노이즈는 미국으로 돌아와 MIT 교수를 거쳐 1919년에 칼텍에 부임했다. 칼텍은 노이즈를 데려오기 위해 엄청난 연구비, 새로운 실험실, 교과과정에 대한 재량권을 주었다.

노이즈는 화학과 학생들이 물리학, 수학, 생물학, 인문학을 모두 배울 수 있는 교과과정을 만들었다. 그리고 학생들이 최근의 연구 성과에 대한 소규모 세미나에 참여하도록 독려했다. 또한 노이즈는 학생들과 교수들이 공적 혹은 사적으로 교류할 수 있는 분위기를 조성했다. 그는 칼텍을 화학 연구의 새로운 중심지로 키워 많은 인재들이 모여드는 캐밀롯 궁전으로 만들고자 했다. 학생들은 노이즈에게 '아서 왕(King Arthur)'이라는 별명을 붙여 주었다.

칼텍의 화학과 교수진에는 노이즈 이외에도 이론물리학자인 톨먼(Richard C. Tolman), X선 결정학의 권위자인 디킨슨(Roscoe G. Dickinson) 등이 있었다. 폴링은 노이즈의 권고에 따라 그의 제자이자 가장 젊은 교수인 디킨슨의 지도를 받았다. 폴링은 X선 장치를 사용하는 방법, X선 사진에서 회절 무늬를 파악하는 방법, 중요한 점들의 세기와 위치를 측정하는 방법, X선 회절 무늬를 수학적으로 분석하는 방법 등을 정교하게 배울 수 있었다. 그는 몰리브덴의 결정 변화에 대한 논문을 작성하여 1925년 6월에 최우수 성적으로 박사학위를 받았다. 당시 폴링의 전공은 화학, 부전공은 물리학과 수학이었다.

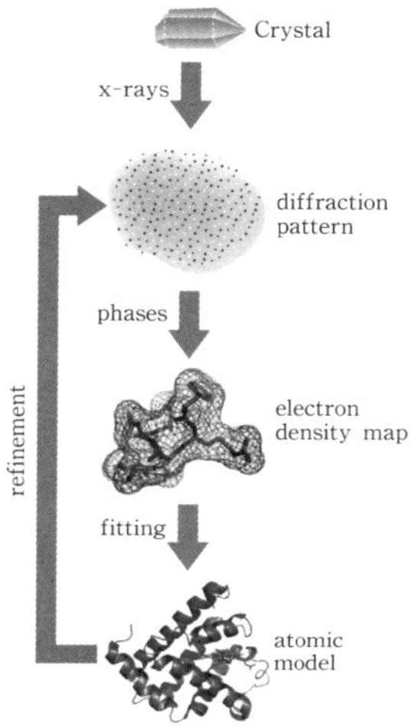

X선 결정학으로 분자의 구조를 분석하는 절차에 관한 개요도

## 양자역학을 화학결합 현상에 적용하다

1920년대 중반은 양자역학이 체계화되어 원자의 구조를 더욱 잘 이해할 수 있게 된 시기였다. 폴링은 1926년 봄에 구겐하임 장학금을 받아 유럽에서 물리학을 공부할 수 있는 기회를 얻었다. 태어난 지 얼마 되지 않은 아들은 외할머니에게 맡기고 폴링 부부는 유럽으로 향했다. 폴링은 1927년 가을까지 유럽에 머물면서 독일 뮌헨 대학의 조머펠트, 덴마크 코펜하겐 대학의 보어, 오스트리아 취리히 대학의 슈뢰딩거와 같은 양자역학의 주역들에게서 수학했다. 그들과 폴링의 만남은 양자역학과 물리화학의 새로운 결합을 상징하는 것이었다. 폴링은 당시의 화학자 중에 양자역학을 제대로 이해한 몇 안 되는 인물 중의 한 명이었다.

미국으로 전파된 양자역학이 유럽과는 상당히 다른 형태로 발전했다는 점도 주목할 만하다. 미국의 과학자들은 유럽의 과학자들과 달리 양자역학의 철학적 의미에 대해서는 별다른 논쟁을 벌이지 않았다. 대신에 미국의 과학자들은 화학적 현상이나 고체의 물성에 양자역학을 적용하는 데 더욱 많은 관심을 기울였다. 그들은 양자역학에 대해서 미국 특유의 실용주의적 태도를 견지했던 것이다. 특히 20세기 미국의 과학계에는 하버드 대학의 실험물리학자 브리지먼(Percy W. Bridgman)이 제창했던 조작주의(operationalism)가 상당한 영향력을 행사했던 것으로 평가되고 있다. 브리지먼은 "정의라고 하는 것은 객관적이고 관찰 가능한 용어로만 기술된다."고 주장하면서 모든 과학적 개념의 의미는 그 개념의 적용 기준을 마련해 주는 조작에 의해서만 명확해질 수 있다고 확신했다.

폴링은 1927년에 칼텍의 화학과 조교수로 임용된 후 양자역학을 화학결합 현상에 적용하는 연구를 본격적으로 추진했다. 그는 여러 원자의 고유한 성질이 양자역학적 해석과 어떻게 관련을 맺는지를 보였고, 화학결합의 형성에 대한 일련의 규칙들을 발전시켜 수학적 형태로 일반화했다. 화학결합에 대한 폴링의 업적은 다음의 세 가지로 요약할 수 있다.

우선, 폴링은 혼성오비탈(hybrid orbital)의 개념을 도입했다. 여러 종류의 오비탈을 섞은 새로운 함수를 정의하면 원자 간의 결합에 대한 설명이 훨씬 편리해진다는 것이었다. 예를 들어 탄소 원자는 1개의 2s 오비탈과 3개의 2p 오비탈을 가지고 있는데, 이러한 4개의 오비탈이 혼성화하면 4개의 동일한 오비탈($sp^3$ 혼성오비탈)을

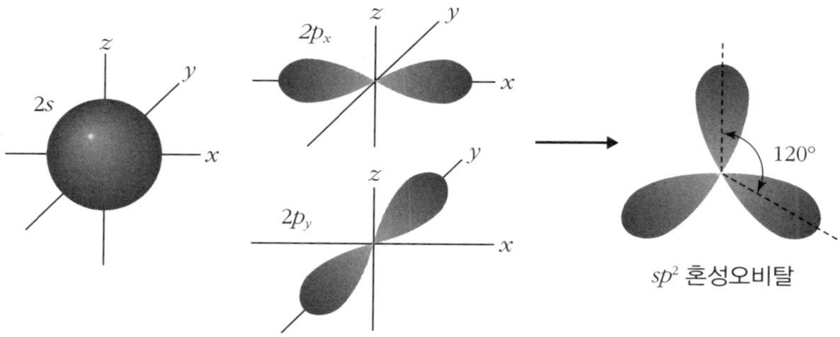


sp² 혼성오비탈에 대한 개념도

만들게 된다. 메탄과 같은 탄소화합물에서 탄소가 4개의 결합을 형성하고 있는 현상이 설명되는 것이다. 또한 탄소의 4개 오비탈 중 1개의 2s 오비탈과 2개의 2p 오비탈이 혼성화하면 3개의 동일한 오비탈(sp² 혼성오비탈)을 형성하고 2p 오비탈 한 개는 혼성화하지 않은 채 남아있을 수 있는데, 이를 통해 에틸렌과 같은 불포화 탄소화합물의 결합도 설명할 수 있다.

폴링의 두 번째 업적으로는 이온결합과 공유결합의 관계를 규명했다는 점을 들 수 있다. 이온결합은 원자 간에 전자의 이동이 이루어지는 결합을 말하고, 공유결합은 전자의 균일한 분배가 이루어지는 결합을 뜻한다. 폴링은 실제적으로 이루어지는 대부분의 원자 간 결합은 이온결합과 공유결합 사이의 어딘가에 존재한다는 점을 보였다. 결합을 이루는 두 원자의 전기음성도 차이가 이온결합과 공유결합 중 어떤 결합과 더욱 비슷하게 존재할 지를 결정한다는 것이었다. 이러한 기준은 오늘날 '폴링의 전기음성도'로 불린다.

화학결합에 관한 폴링의 세 번째 업적은 방향족 탄화수소의 구조를 규명한 데 있었다. 1857년에 독일의 화학자인 케쿨레(Friedrich August Kekulé)는 벤젠 분자에서 탄소 원자 간의 결합은 단일결합과 이중결합이 빠르게 호환하는 고리 모양의 구조를 가진다고 설명했다. 처음에 단일결합이던 탄소 원자 간의 결합은 나중에 이중결합으로, 처음의 이중결합은 이후에 단일결합으로 바뀌면서 존재한다는 것이었다. 이에 대해 폴링은 벤젠 분자에서 탄소 원자 간의 결합은 이중결합과 단일결합의 중간쯤 되는 성격을 띠고 있다고 주장했고, 그러한 현상은 이후에 '공명혼성(resonance hybrid)'으로 불렸다.

폴링은 1929년에 「복잡한 이온결정의 구조를 결정하는 원리들」이란 기념비적 논문을 발표했다. 여기서 그는 이온결정의 원자 구조를 예측하고 합리적으로 설명하기 위한 원리들을 정리했는데, 그것은 '폴링의 법칙(Pauling's rules)'으로 불리고 있다. 폴링의 법칙은 양이온의 배위수와 이온반경의 관계, 정전기 원자가, 배위 다면체의 구조적 안정성, 이온결정 내부에서 이웃하는 배위 다면체의 구조, 절약의 원리 등으로 구성되어 있다.

## 양자화학에서 분자생물학으로

폴링이 우수한 연구업적을 잇달아 발표하자 하버드 대학은 교수직을 제안했다. 그러나 그는 동부 지역에서는 편안함을 느낄 수 없다는 이유로 거절했다. "동부 지역에는 단지 동부에서 태어났다는 이유로 자신을 대단하게 생각하는 사람들이 너무 많아요. 그들은 자신들의 능력과는 상관없이 돈과 신분을 물려받은 사람들이지요. 나 같은 사람이 하버드에 가면 이류 시민이 될 거예요."

1931년은 폴링에게 특별한 해였다. 그 해에 폴링은 미국화학회가 가장 우수한 젊은 연구자에게 수여하는 랭뮤어 상을 받았다. 칼텍은 30세의 나이인 폴링을 정교수로 승진시키면서 월급도 올려주었다. 폴링은 1931~1933년에 5회에 걸쳐 「화학결합의 본질」이란 논문을 ≪미국화학회지≫에 게재했으며, 이를 통해 세계가 주목하는 스타 과학자로 부상했다. 1933년에 폴링은 미국과학아카데미의 최연소 회원이 되었고, 1936년에는 미국철학회가 폴링을 정회원으로 선출했다. 이 무렵 폴링은 유력한 노벨상 후보로 부상하기 시작했다.

폴링은 1937년에 36세의 젊은 나이로 학과장으로 부임했다. 나이가 많은 교수들의 걱정과 달리 칼텍의 화학과는 폴링의 지도하에 전성기를 맞이했다. 폴링은 우수한 논문을 지속적으로 발표하면

폴링의 대표작인 『화학결합의 본질』

서 화학에 대한 서적을 발간하는 데에도 많은 노력을 기울였다. 그는 1939년에 『화학결합의 본질, 그리고 분자와 결정의 구조』를 출간했는데, 그것은 역사상 가장 영향력 있는 화학 서적이자 20세기에 가장 많이 인용된 과학책으로 평가되고 있다. 그가 1947년에 발간한 『일반화학』도 여러 대학의 화학 교재로 널리 사용되었다.

1930년대 중반부터 폴링은 자신의 화학결합에 관한 지식을 생체분자에 적용하기 시작했다. 그가 연구의 방향을 전환한 데에는 록펠러 재단의 지원이 중요한 배경으로 작용했다. 당시 록펠러 재단에서 과학에 관한 지원을 관리했던 위버(Warren Weaver)는 투자 우선순위를 생명 과정에 대한 학제적 연구(interdisciplinary research)에 두고 있었으며, 그 적임자로 폴링을 주목했던 것이다. 위버는 1938년에 '분자생물학(molecular biology)'이란 용어를 처음 사용한 사람으로도 유명하다.

폴링은 헤모글로빈에 산소가 결합되었을 때와 그렇지 않을 때에 자기적 성질이 다르다는 사실을 관찰한 후 헤모글로빈의 구조와 기능의 관계에 접근했다. 이를 통해 유전적인 이유로 헤모글로빈 분자의 모양이 일그러지게 되면 선천성 악성 빈혈이 나타나게 된다는 사실을 알아냈다. 또한 항체와 항원 분자가 서로 상호보완적인 구조를 가지고 있기 때문에 생체의 면역 작용이 가능하게 된다는 사실도 밝혀냈다. 폴링의 항체-항원 반응 이론은 당대의 과학자들에게 많은 영향을 미쳤고 인공 항체의 생산에도 널리 활용되었다.

## 제2차 세계대전 속의 폴링

폴링은 제2차 세계대전을 전후하여 정치적 활동으로 두드러진 인물이 되었다. 그는 이미 1930년에 싱클레어(Upton Sinclair)가 캘리포니아 주지사가 되기 위해 벌인 사회주의 캠페인을 지지한 바 있었다. 1930년대 후반에는 독일의 동료 과학자들로부터 편지를 받으면서 히틀러의 독재를 막아야 한다고 확신했다. 1940년에 독일이 영국을 침공하자 폴링은 미국이 도와야 할 필요성에 대해 연설했다.

"우리나라가 지금 영국을 돕지 않는다면, 영국을 멸망시킨 침략자들이 우리를 침략하지 않을까요? 이것은 우리가 전쟁에 말려든다는 것을 의미합니다. 이상주의자들인 우리는 본질적으로 평화주의자이며, 전쟁에 반대합니다. … 질서 있는 세계를 파괴하는 나치주의의 암적인 성장은 반드시 근절되어야 합니다."

1940년 10월에 폴링은 30명의 화학자들, 그리고 육군 및 해군의 장교들과 함께 시급히 해결해야 할 기술적 문제들의 목록을 만들었다. 거기에는 잠수함에서 산소 농도를 측정하는 문제도 포함되어 있었다. 산소가 너무 많이 공급되면 잠수함이 폭발할 위험이 있었고, 너무 적게 공급되면 승무원들의 활동이 무기력해지기 때문이었다. 폴링은 정상적인 농도의 산소가 들어 있는 공기 시료로 안을 채운 작은 관을 만든 후 그것을 말굽자석 사이에 설치했다. 산소 농도가 조금이라도 달라지면 관이 자기장에서 회전하는 방법에 영향을 주었고, 그러한 변화는 눈금 장치를 통해 읽어낼 수 있었다. 폴링의 산소측정기는 미 해군에 납품되었고, 전쟁 이후에는 벡맨 사(Ar-

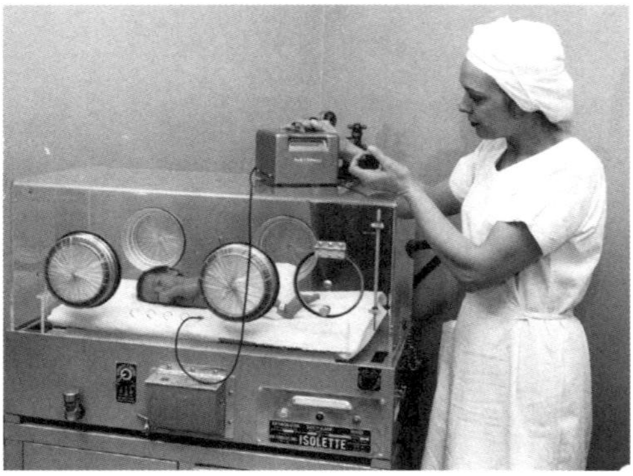

신생아 보육기에 사용된 폴링의 산소측정기(1959년)

nold O. Beckman, Inc.)를 통해 신생아 보육기(infant incubator)에 활용되었다.

1941년 3월부터 6개월 동안 폴링은 브라이트 병을 앓았다. 신장이 정상적으로 혈액을 거르지 못하는 만성 질환이었다. 그때 폴링은 애디스(Thomas Addis)라는 신장전문의의 치료를 받았다. 애디스는 동료 의사들과는 달리 단백질과 소금을 적게 섭취하고 그 대신 비타민과 무기질을 보충하는 식이요법으로 폴링을 치료했다. 아바 헬렌은 남편의 간호사이자 식이요법사가 되어 주었다. 당시에 폴링은 상당한 양의 비타민C를 지속적으로 섭취했는데, 그때의 경험으로 인해 이후에 비타민C의 전도사로 나서게 된다.

1941년 12월에 미국이 제2차 세계대전에 참전하면서 미국의 유수 대학들은 국방연구에 참여하게 되었다. 폴링의 실험실은 폭약, 로켓 추진제, 인공혈장 등에 대한 연구를 담당했으며, 폴링은 장갑탄으로 공동으로 설계하여 특허를 받기도 했다. 1942년 6월에는 원자탄 제조를 위한 맨해튼 계획이 출범했는데, 당시에 오펜하이머(J.

Robert Oppenheimer)는 폴링에게 화학 부문의 책임자를 맡아달라고 제안했다. 폴링은 가족들과 멀리 떨어져 살기 어렵다는 이유를 들어 오펜하이머의 요청을 거절했다.

제2차 세계대전이 끝날 무렵에 폴링은 '겸형 적혈구 빈혈증(sickle cell disease)'에 시선을 돌렸다. 정상인에게는 둥근 적혈구가 환자에게는 겸형(낫 모양)의 덩어리로 변해서 피의 흐름이 막히는 질병이었다. 폴링은 헤모글로빈에서 생긴 유전적 돌연변이로 인한 분자적 결함 때문에 겸형 적혈구 빈혈증이 생긴다고 생각했다. 그는 3명의 동료들과 함께 3년 동안의 연구를 진행했으며, 1949년에 「겸형 적혈구 빈혈증, 분자적 질병」이란 논문을 ≪사이언스≫에 발표했다. 이 논문에서 폴링은 '분자적 질병(molecular disease)'이라는 완전히 새로운 의학 개념을 제안함으로써 분자유전학의 탄생을 알렸다.

## 정치적 활동과 과학적 연구의 병행

제2차 세계대전에서 승리한 흥분이 가라앉자 폴링을 포함한 많은 과학자들에게는 원자탄의 정치적 의미에 대해 논의하기 시작했다. 폴링은 칼텍에서 원자탄의 문제에 관심을 가진 교수들과 학생들이 결성한 클럽에서 왕성한 활동을 벌였다. 폴링은 동료 과학자들에게 다음과 같이 말했다. "원자 에너지의 파괴력이 전 세계에 던진 문제는 다른 어떤 문제보다 중요합니다. 나는 핵 분야에서 우리의 직업적 활동 이외에도 과학의 정치적 의미에 대한 우리의 주장을 알려야 합니다."

미국 각지에서 운영되고 있던 수십 개의 과학자 토론집단들은 1945년 11월에 원자과학자연맹(1946년 1월에 '미국과학자연맹'으로 재편됨)을 결성하여 원자력을 군의 통제가 아닌 민간의 통제에 둘 것을 의회에 요청했다. 또한 1945년 12월에는 ≪원자과학자회보≫가 창간되면서 핵무기의 국제적 통제와 핵확산 방지에 관한 공론화가 이루어지기 시작했다. 폴링은 1946년 5월에 아인슈타인과 실라르드(Leó Szilárd)가 설립한 원자과학자 비상위원회(Emergency Committee of Atomic Scientists)에 가입해 전쟁과 핵무기에 대한 반대 의사를 적극적으로 표현하기 시작했다.

이러한 과학자들의 사회운동은 1950~1954년에 소위 '빨갱이 사냥(red baiting)'으로 불리는 매카시 선풍이 기승을 부리면서 크게 위축되었다. 미국과학자연맹에서 탈퇴하는 사람들의 숫자들도 많아

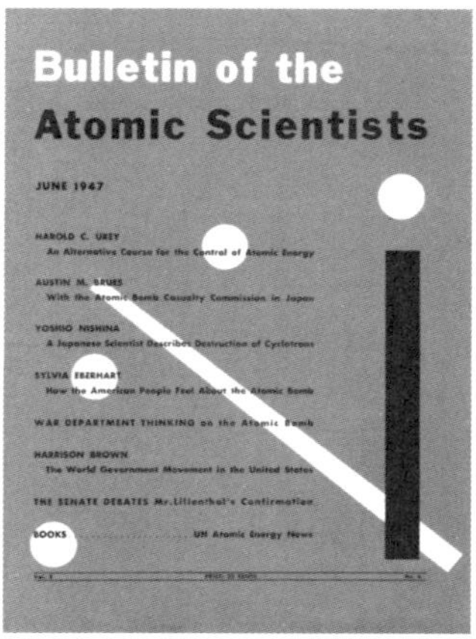


≪원자과학자회보≫ 1947년 6월호의 표지. 자정 전 7분으로 맞춰진 '파멸의 날 시계(doomsday clock)'는 핵무기로 인한 인류 절멸의 상황을 경고하고 있다.

졌고, 원자과학자 비상위원회는 1951년 10월에 해체되고 말았다. 폴링은 자신의 양심과 아내의 격려를 바탕으로 핵무기에 반대하는 연설을 계속했고, 급기야 공산주의자로 몰리게 되었다. 연방수사국(FBI)은 폴링이 공산당원인지 알아내기 위해 몇 년 동안 그를 조사했으며, 칼텍의 기부자들은 폴링을 쫓아낼 때까지 돈을 내지 않겠다고 협박했다.

폴링은 정치적 활동에 적극 참여하면서도 과학 연구에 대한 끈을 놓지 않았다. 1940년대 후반에 들어와 그는 단백질과 다른 생체분자 사이에 있는 수소결합의 중요성에 주목했다. 폴링은 수소결합이 생체분자의 삼차원 구조를 지탱시킬 뿐만 아니라 생리적 기능을 나타내는 데 중요한 요인이 된다는 사실을 최초로 밝혔다. 더 나아가 폴링은 단백질 사슬에서 카르보닐기의 산소와 아미노기의 수소 사이에 수소결합이 형성되면 나선 모양으로 꼬여진 구조가 될 수 있다는 사실에 착안하여 단백질의 알파 나선구조를 처음으로 규명

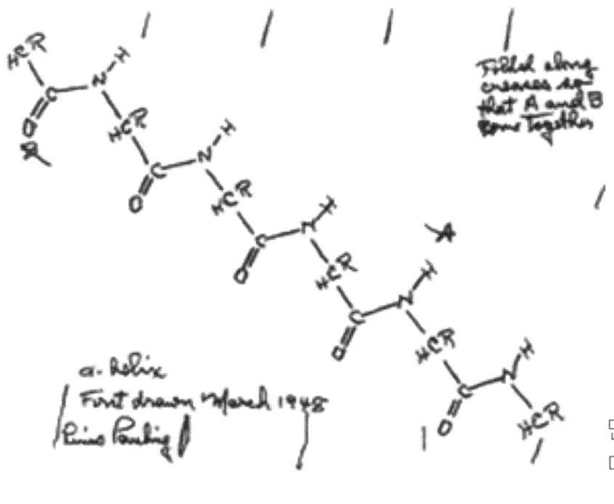


단백질의 알파 나선구조에 대한 폴링의 스케치(1948년)

했다. 그는 1950년에 코리(Robert Corey)와 함께 나선구조에 관한 논문을 출간함으로써 DNA 구조를 규명하는 데 한 걸음 다가섰다.

1952년에 폴링은 DNA 구조에 대한 연구를 진척시키기 위해 영국을 방문하여 윌킨스(Maurice Wilkins) 연구팀이 보유하고 있었던 X선 사진을 볼 계획이었다. 그러나 미국 국무성은 폴링의 정치적 견해가 위험하다는 이유로 출국을 금지시켰다. 결국 폴링은 1953년 2월에 발간된 논문에서 DNA 분자를 삼중나선 모형으로 서술하고 말았다. 그것은 틀린 것으로 판명되었고, 같은 해 4월에는 왓슨(James Watson)과 크릭(Francis Crick)이 이중나선 구조에 관한 논문을 발표하기에 이르렀다. 왓슨과 크릭은 윌킨슨과 함께 DNA 이중나선 구조를 발견한 공로로 1962년 노벨 생리의학상을 수상했다. 만약 폴링이 1952년에 영국에 갈 수 있었다면 노벨상 3관왕이 되었을지도 모른다. 훗날 크릭은 폴링을 '분자생물학의 아버지'로 추켜세우기도 했다.

폴링은 1954년 11월 3일에 한 신문기자로부터 전화를 받았다. 기자는 "노벨상을 받게 된 소감이 어떠십니까?"라고 운을 뗐다. 폴링은 자신이 무엇으로 상을 받게 되었는지 물었고, 기자는 화학상이라고 답했다. 폴링은 "그게 아니고 제가 무슨 업적으로 화학상을 받는다고 하던가요?"라고 다시 물었다. 자신의 많은 업적 중에 어떤 것으로 상을 받게 되었는지를 알고 싶었던 것이었다. 기자는 "화학결합의 본질을 연구하고, 그 결과를 복잡한 물질의 구조를 해명하는 데 적용한 공로입니다."라고 대답했다. 1927년부터 시작한 결정의 구조를 밝히는 연구부터 알파나선에 관한 최근의 연구에 이르는 모든 공로를 인정받은 셈이었다.

폴링은 노벨상 수상 연설에서 다음과 같이 말했다. “나이 들고 유명한 사람이 여러분에게 하는 말은 존경심을 가지고 주의 깊게 들으십시오. 그러나 그 말을 모두 믿지는 마십시오. 여러분 자신의 지성 이외의 어떤 것도 완전히 믿지는 마십시오. … 그가 은발 머리든지 대머리든지, 그가 노벨상 수상자이든지 아니든지 누구라도 틀릴 수 있는 것입니다. … 따라서 여러분은 항상 의심해야 합니다. 항상 여러분 스스로 생각하십시오.”

## 전쟁은 이제 그만!

폴링의 정치적 활동은 1954년 미국의 수소폭탄 실험 이후에 새로운 국면으로 접어들었다. 1955년에는 인류 절멸의 위기를 경고하고 핵전쟁의 회피를 호소한 러셀-아인슈타인 선언(Russell–Einstein Manifesto)이 채택되었는데, 폴링은 11명의 과학자 중의 한 사람으로 동참했다. 11명 중에 9명은 이미 노벨상을 받았고, 1명은 이후에 노벨상 수상자가 되었다. 1957년에는 이 선언의 정신을 이어받아 로트블랫(Joseph Rotblat)의 주도로 과학과 세계 문제에 관한 퍼그워시 회의(Pugwash Conferences on Science and World Affairs)가 출범했다. 로트블랫과 퍼그워시 회의는 1995년 노벨 평화상을 수상하게 된다.

폴링은 낙진에서 나타나는 저준위 방사능이 일정 수준 이하일 때는 아무런 피해도 생기지 않는다는 이른바 '문턱 값 가설'을 비판했다. 낙진으로 인해 배경 방사선량이 증가했고, 이를 통해 이미 수만 명의 기형아가 출산되었다는 것이었다. 이러한 폴링의 주장은 저준위 방사능의 위험성을 둘러싼 불확실성 때문에 엄청난 논쟁을 야기했다. 폴링은 그 문제를 가지고 수소폭탄의 아버지로 불리는 텔러(Edward Teller)와 1958년 2월에 텔레비전을 통해 공개적인 설전을 펼치기도 했다.

1957년 5월에 폴링은 워싱턴 대학의 커머너(Barry Commoner)와 함께 전 세계의 과학자들에게 핵실험 중지를 지지해 달라고 요청하는 편지를 발송했다. 편지의 대부분은 폴링의 집에서 작성되었고, 아바 헬렌과 그녀의 친구들이 봉투와 우표를 붙였다. 과학자들의 반응은 놀라울 정도로 뜨거웠다. 2주일 안에 2천 명이 넘는 과학자들이 서명했으며, 최종적으로 50개국 11,021명의 과학자들이 동참했다. 1958년 1월에 폴링은 전체 서명목록을 유엔 사무총장 앞으로 보냈고, 폴링의 청원은 전 세계의 뉴스거리가 되었다. 폴링은 커머너가 세인트루이스에서 조직한 시민핵정보위원회(Citizen's Committee for Nuclear Information)의 활동도 적극 지지했다.

폴링은 핵실험 반대운동을 벌인 대가로 정부 관료들과 우익 언론들로부터 '공산주의자의 앞잡이'라는 비난을 받았다. 칼텍에서는 세 명의 재정위원들이 폴링의 정치적 활동에 반대하면서 사임했다. 칼텍의 총장은 점점 나빠지는 정치적 평판과 과학적 연구에 대한 소홀함을 이유로 들어 폴링에게 화학과장직에서 사임하라고 요구했다. 폴링은 학교에 손해를 끼치지 않고 정치활동에 더 많은 시간을 쏟기 위해 물러나기로 결심했다. 그는 1958년 말에 『전쟁은 이제 그만!(No More War!)』이라는 책을 발간해 핵무기 실험과 방사선 노출이 유발할 수 있는 위험에 대해 깊은 우려를 표명했다.

1962년 어느 날, 케네디 대통령은 노벨상 수상자들을 위해 백악관 만찬을 마련했다. 그날 아침에도 폴링은 "케네디 씨, 우리는 [핵]실험을 할 권리가 없습니다."는 피켓을 들고 백악관 앞에서 시위를 벌였다. 다행스럽게도 케네디 대통령은 폴링을 비난하는 대신 자신의 의견을 계속해서 표현하라며 격려했다.

마침내 1963년 8월 5일에는 미국과 소련이 모스크바에서 대기권, 우주공간 및 수중에서 핵무기 실험을 금지하는 '부분적 핵실험 금지 조약(Partial Test Ban Treaty)'을 체결했다. 이 조약은 같은 해 10월 10일에 미국, 영국, 소련의 비준에 의해 발효되었다. 비록 지

백악관 앞에서 반핵 시위를 벌이고 있는 폴링(1962년)

하 핵실험은 규제 대상에서 제외되고 위반사항에 대한 사찰을 명시하지 않은 제한된 의미의 조약이었지만, 이는 핵무기의 규제에 관한 최초의 국제협정이었으며 폴링의 지속적인 투쟁의 결실이었다. 폴링은 조약이 발효된 다음 날에 1962년 노벨 평화상 수상자로 선정되었다.

폴링은 노벨 평화상 상금을 활용하여 평화에 관한 일에 매진하기로 결심했다. 그는 1963년 10월 18일에 기자회견을 열었다. 40년 동안이나 몸담았던 칼텍을 떠난다고 발표하면서 산타바바라에 소재한 민주주의제도연구센터(Center for the Study of Democratic Institutions)로 자리를 옮긴다고 했다. 그는 노르웨이로 가서 노벨 평화상을 받은 후 산타바바라로 발길을 돌렸다. 폴링은 민주주의제도연구센터에서 반전운동에 더욱 깊숙이 관여했다. 베트남 전쟁 동안에는 신(新)좌파 정책을 지지했고 그쪽의 대변자 노릇을 했다. 폴링은 1970년에 소련 정부로부터 국제 레닌 평화 메달(International Lenin Peace Prize)을 받기도 했다.

폴링은 다양한 정치적 활동을 전개하면서 과학자들이 과학의 사회적 의미에 대해 관심을 가지고 책임 의식을 지녀야 한다는 점을 강조했다. "나는 과학자들에게 일반 시민으로서의 책임도 있지만, 동시에 과학을 이해하는 사람으로서 갖는 책임도 있다고 생각한다. 그것은 과학과 밀접하게 관련된 사회적 문제에 대해 동료 시민들에게 자신이 그러한 문제를 어떻게 이해하고 있는지를 설명할 책임이다. 그리고 그러한 문제에 대해 자신의 의견이 있다면 그것을 분명하게 밝힐 의무도 있다고 생각한다."

## 비타민C에 대한 집착

폴링은 1967~1968년에 샌디에이고의 캘리포니아 대학에서 방문교수로 지냈다. 그는 다시 학생들을 가르칠 수 있었고, 작은 실험실 공간도 제공받았다. 그곳에서 폴링은 로빈슨(Arthur B. Robinson)이라는 젊은 연구자를 만나 일련의 생화학 실험을 시작했다. 폴링은 1968년에 분자교정의학(orthomolecular medicine)에 관한 논문을 ≪사이언스≫에 발표했다. 그는 분자교정의학을 "인체 내에서 정상적으로 존재하는 분자들의 농도를 조절함으로써 좋은 건강을 성취, 보전하고 질병을 예방, 치료하는 것"으로 정의하면서 "중요한 분자교정 물질에는 비타민, 그 중에서도 비타민C가 있다."고 주장했다.

1969~1974년에 폴링은 스탠퍼드 대학에서 자문교수를 지냈으며, 로빈슨도 폴링을 따라 스탠퍼드로 왔다. 1973년에 폴링은 멘

폴링이 말년에 강의하는 모습

로파크에 분자교정의학연구소(Institute of Orthomolecular Medicine)를 설립했고, 그것은 곧 라이너스 폴링 과학·의학연구소(Linus Pauling Institute of Science and Medicine)로 변경되었다. 당시에 폴링은 비타민C의 역할에 관한 연구에 집중했으며, 1970년에는『비타민C와 감기』라는 베스트셀러를 발간했다. 사실상 폴링 부부는 일일 권장량의 50배에 해당하는 3,000밀리그램의 비타민C를 매일 복용하고 있었다.

폴링의 저서는 비타민C에 대한 수요를 증가시키긴 했지만, 많은 의사는 비타민C의 효과를 미심쩍어 했다. 예를 들어 ≪미국의학협회보≫는『비타민C와 감기』에 대해 "여기서 찾아볼 수 있는 것은 진실을 추구하는 철학자나 과학자의 조심스러운 진술이 아니라 무엇인가를 팔려고 하는 광고업자의 날카로운 말이다."고 비난했다. 이에 대해 폴링은 자신이 결코 비타민C가 감기를 치료한다고 주장한 적은 없으며, 사람마다 비타민C나 감기에 대한 반응은 모두 다르다고 항변했다. 이와 함께 폴링은 비타민C가 신체를 건강하게 해주고 질병에 대한 저항력을 키워주는 역할을 한다고 강조했다.

폴링의 비타민C에 대한 집착은 계속되었다. 그는 1979년에 발간한『암과 비타민』에서 비타민C가 피와 조직 속에 있는 '자유 라디컬(free radical)'을 제거함으로써 암의 위험을 줄인다고 주장하여 파문을 일으켰다. 폴링은 비타민C가 암 치료에 효과가 없다는 임상결과가 나올 때마다 집요하게 이의를 제기했으며, 세상을 떠날 때까지 비타민C와 암 치료에 대한 만족할 만한 임상실험이 이루어지지 않았다고 생각했다. 사실상 비타민C는 대표적인 수용성 비타민으로 배설이 잘 되기 때문에 인체에 부작용을 일으키지 않는다. 그러나 필요량의 수백 배까지 비타민C를 과량으로 섭취하는 것이 건강 증진이나 질병 치료에 얼마나 도움이 되는지에 대해서는 오늘날에도 계속 논쟁 중에 있다.

폴링의 말년에 대해 노벨상까지 수상한 과학 영웅이 사이비 과학으로 몰락했다는 평가도 있지만, 그가 비타민C에 집착한 것은 과학적 추론의 결과였다는 지적도 있다. 예를 들어 의료에 관한 논쟁을 역사사회학적으로 분석한 『닥터 골렘(Dr. Golem)』에는 다음과 같은 대목이 나온다. "폴링이 비타민C 치료법을 옹호한 것은 과학자로서 그의 경력이 쇠락하기 시작했음을 말해 주는 신호로 흔히 간주되어 왔다. 그러나 이는 폴링을 부당하게 대우하는 것이다. 이 분야에서 그의 연구는 분자생물학의 환원주의적 교의와 실험적 방법을 계속 따랐으며, 역설적이게도 그의 비타민C 치료법은 전인적 의료

폴링의 마지막 저작인
『오래 살고 기분을 좋게 하는 방법』(1986년)

(holistic medicine)가 비난해 마지않는 '마법의 탄환(magic bullet)'과 같은 냄새를 풍겼다."

폴링 부부는 모두 암에서 자유롭지 못했다. 아바 헬렌은 위암 진단을 받고 5년이 지난 후인 1981년에 77세의 나이로 세상을 떠났다. 폴링은 아내의 죽음에 망연자실했지만, 5년 동안 버틸 수 있었던 이유를 비타민C 과량 요법에서 찾았다. 폴링 자신은 1990년에 전립선암 선고를 받았으며, 그것이 점차 소장으로 번졌다. 결국 폴링은 1994년 8월 19일에 93세의 일기로 파란만장한 일생을 마감했다.

폴링은 세상을 떠났지만 그의 이름은 곳곳에 남아 있다. 오리건 주립대학은 '라이너스 폴링 연구소'를 설치하여 건강관리에 초점을 둔 연구를 진행하고 있다. 폴링이 가장 많은 시간을 보냈던 칼텍의 화학과는 '라이너스 폴링 강의실'을 구축하여 그의 업적을 기리고 있다. 퍼시픽 노스웨스트 국립연구소는 '라이너스 폴링 박사후 연구원 프로그램'을 운영하고 있으며, 오리건 주는 폴링의 생일인 2월 28일을 '라이너스 폴링의 날'로 지정하여 매년 기념하고 있다. 리눅스의 개발자로 유명한 핀란드 출신의 엔지니어인 토발즈(Linus Torvalds)의 퍼스트 네임도 폴링을 따라 지어졌다고 한다.

2008년 3월 6일에는 미국을 빛낸 4명의 과학자를 기념하는 우표가 발행되었는데, 거기에도 폴링이 포함되어 있었다. 나머지 3명은 우주팽창설을 주창하여 노벨 물리학상 후보에 오른 에드윈 허블(Edwin Hubble), 1947년 노벨 생리의학상을 수상한 여성 과학자 거티 코리(Gerty Cori), 1956년과 1972년에 노벨 물리학상을 수상한 존 바딘(John Bardeen)이었다. 같은 해 12월 15일에는 폴링이 캘리포니아 명예의 전당에 헌액되었다.

폴링은 선구적인 과학자로서 다양한 분야를 섭렵했으며 반핵 운동가로서 적극적인 사회적 활동도 벌였다. 그는 종종 "아무런 상상력이 없는 과학자는 아무런 결과도 얻을 수 없다."고 말했다. 자연세계와 인간세계에서 생산되는 숱한 자료는 상상력을 가진 사람에게만 원하는 결과를 준다는 것이었다. 사실상 그의 성공도 새로운 문제에 대한 빠른 통찰력, 상호관계를 인식하는 능력, 그리고 비정통적 생각을 내놓을 수 있는 용기에 바탕을 두고 있었다고 볼 수 있다.

# 10장

# 우장춘

## Woo Jang-choon

종의 합성과 씨앗 독립을 이룬 한국인

우장춘(禹長春, 1898~1959)은 우리에게 매우 친숙한 인물이다. 위키백과 영어판도 우장춘을 다루고 있는데, 그의 영문명은 'Woo Jang-choon'으로 표기되어 있다. 우장춘에게는 한국이 낳은 세계적 육종학자, 한국 근대 농학의 아버지, 겨레의 농학자, 국보급 과학자 등과 같은 평가가 따르고 있다. 사실상 우장춘의 삶은 굴곡이 많고 매우 극적이어서 많은 사람이 감동을 받거나 존경을 표하고 있다. 그러나 우장춘의 대중적 서사 중에는 과장되거나 잘못된 부분도 제법 있다.

## 편모슬하에서 자란 혼혈아

우장춘은 1898년에 일본 도쿄에서 우범선(禹範善)과 사카이 나카(酒井仲)의 장남으로 태어났다. 우장춘의 호적상 생일은 4월 9일로 되어 있으나 실제로는 4월 8일이다. 우범선은 중인 출신의 개화파로 훈련대 제2대 대장으로 근무했다. 그는 한국에서 부인과 딸을 두었는데, 1895년 명성황후 시해 사건에 연루되어 일본으로 망명을 갔다. 사카이 나카는 일찍 부모를

한국의 씨앗 독립을 일군 세계적 육종학자, 우장춘

여의고 남의 집에서 더부살이를 하던 중 우범선을 만나 결혼에 이르렀다. 혈통으로 볼 때 우장춘은 한국인과 일본인의 피를 함께 이어받은 혼혈아였던 셈이다. 우범선은 자신의 아들이 한국에 돌아가 살게 될 것으로 생각하여 한국식 이름을 짓고 서울에 출생 신고를 했다.

1903년에 우범선은 대한제국의 무관을 지냈던 고영근에 의해 살해당하고 말았다. 당시 우장춘의 나이는 5살이었다. 이듬해에는 동생 홍춘이 태어났고, 나카는 어려운 형편 속에서 두 아이를 키워야 했다. 나카는 너무 힘이 들어 한동안 큰아들을 절에 딸린 고아원에 맡기기도 했다. 당시에 우장춘은 희멀건 감자 된장국을 많이 먹었으며, 그것은 나중에 가장 싫어하는 음식이 되었다고 한다. 나카는 배운 것도 없고 경제적 능력도 부족했지만, 자식들을 위해 모든 것을 헌신하며 살았다. 우장춘은 일상생활의 거의 모든 면에서 일본인으로 자랐으며, 평생 우리말을 잘 하지 못했다.

어린 시절의 우장춘에 대해서는 '민들레의 교훈'이라 불리는 일화가 전해지고 있다. 어느 날 우장춘은 일본 아이들의 따돌림을 받고 길거리에서 울고 있었는데, 어머니가 길가에 피어 있는 민들레를 가리키면서 "민들레는 아무리 짓밟혀도 끝내는 꽃을 피운다. 네게 괴로운 일이 많겠지만 거기에 굴하지 말고 훌륭한 사람이 되어라."고 말했다는 것이다. 이 일화는 어머니가 길가의 들꽃 같이 군센 사람이 되기를 주문했고, 우장춘이 그 가르침을 평생 잊지 않았다는 논변으로 이어진다. 그러나 '민들레의 교훈'에 관한 일화가 실제로 있었던 일인지에 대해서는 의문이 제기되고 있다. 왜냐하면 당시에 나카가 우장춘에게 가르침을 줄 정도의 처지가 아니었기 때문이다.

구레중학교 시절의 우장춘
(앞줄 오른쪽)

우장춘은 1911년에 소학교를 마치고 히로시마 근처의 구레중학교에 입학했다. 구레는 바다에 접해 있는 소도시로 그곳에는 일본 해군사관학교가 있었다. 구레의 많은 학생은 생도들의 위풍당당한 모습을 보고서는 사관학교에 들어가 멋진 군인이 되는 것을 꿈꿨다. 그러나 우장춘은 몸이 허약한 데다 성격도 소심해서 그러한 소망을 가지지 않았다. 중학교 시절에 그는 눈에 띄는 점이 거의 없는 조용하고 평범한 학생에 불과했다. 다만 여러 과목 중에 수학을 잘했던 것으로 전해진다.

## 전문학교 출신의 연구원

당시 일본의 유명한 대학은 국가가 운영하는 제국대학이었다. 그중에서 도쿄제국대학과 교토제국대학은 관동과 관서 지역을 대표하는 최고의 명문 대학이었다. 중학교를 마칠 무렵에 우장춘은 교토제국대학에서 공학을 공부하고 싶어 했다. 그가 살고 있는 곳이 교토제국대학과 가까웠고, 공학을 배우면 경제적으로 큰 어려움 없이 뭔가 의미 있는 일을 할 수 있어 보였다. 그러나 우장춘의 집안 형편으로는 학비를 감당하기가 곤란했다.

다행히 아버지와 가까웠던 한국인 망명객들이 조선총독부로부터 장학금을 받을 수 있도록 주선해 주었다. 우장춘은 한국 국적을 가지고 있는 데다 조선총독부도 한국인 망명객들에게 호의적이었기 때문에 그리 어렵지 않게 관비유학생이 될 수 있었다. 대신에 조선총독부는 자신이 지시하는 학교와 전공을 선택해야 한다는 조건을 내걸었다. 당시에 일제는 한국인에 대한 관비유학생 제도를 운영하긴 했지만, 유학생 수를 최대한 억제한 가운데 전공도 농업이나 공업과 같은 실업 분야로 한정했다. 관비유학생의 신분도 정식 학력이 인정되지 않는 특별생이나 청강생인 경우가 많았다.

1916년에 우장춘은 조선총독부의 지시를 따라 도쿄제국대학 농학실과에 청강생 신분으로 들어갔다. 당시에 농학실과는 대학의 학부가 아니라 전문학교 과정이었고, 실무에 밝은 농촌 기술자를 양성하는 것을 목표로 삼고 있었다. 도쿄제국대학 농학실과는 1935년에 도쿄고등농림학교로 독립했으며, 도쿄고등농림학교는 1944년에 도쿄농림전문학교로 변경된 후 1949년에는 도쿄섬유전문학교와 통합되어 도쿄농공대학이 되었다. 이러한 점을 고려할 때 우장춘이 도쿄제국대학에서 4년제 고등교육을 이수하고 졸업장을 받았다는 것은 잘못된 정보에 해당한다.

당시에 일본에 유학하고 있던 한국인 학생들은 7백 명 정도였다. 그들은 조선유학생학우회를 만들어 정기적인 모임을 가졌다. '배움의 빛'이라는 뜻의 잡지인 ≪학지광(學之光)≫도 발간했다. 그러나 우장춘은 좀처럼 자신을 드러내지 않았으며 다른 유학생들과 교류하지도 않았다. 그는 1919년에 3·1운동이 일어났을 때에도 별다른 반응을 보이지 않았다.

우장춘은 대학 시절에도 뛰어난 성적을 거두지 못했다. 그는 1919년에 도쿄제국대학 농학실과를 졸업한 후 일자리를 물색하기 시작했다. 다행히 안도 코타로(安藤宏太郎) 교수의 추천으로 농림성 산하의 농사시험장에 취직할 수 있었다. 처음에는 고원(雇員)으로 고용되었지만 1년 후에는 기수(技手)로 정식 발령을 받았다.

우장춘의 농사시험장 생활은 녹록치 않았다. 농사시험장은 일본 최고의 농학 연구기관으로 도쿄제국대학을 정식으로 졸업한 사람들이 주도권을 잡고 있었다. 그들은 벼, 보리, 밀과 같은 주요 식량에 관한 연구를 수행했다. 우장춘은 꽃을 다루는 인기 없는 부서인 원예부에 배치되었다. 그에게 배정된 첫 연구과제는 당시 관상용으로 널리 재배되고 있던 나팔꽃을 개량하는 것이었다. 우장춘은 나팔꽃을 매개로 식물의 유전에 대해 공부하고 연구할 수 있는 기회를 얻었다.

우장춘의 직장 생활이 안정되면서 집안 형편도 조금씩 나아졌다. 그는 돈을 조금이라도 더 벌려고 이웃집 아이를 가르치는 일도 했다. 이때 '와타나베 고하루(渡邊小春)'라는 네 살 아래의 여성을 만났는데, 그녀는 이웃집 여주인의 동생으로 사범학교를 졸업한 후 소학교에 근무하고 있었다. 고하루의 부모는 우장춘이 한국인이라는 이유로 결혼을 반대했지만, 고하루는 자신의 뜻을 굽히지 않고 1924년에 우장춘과 결혼했다. 그녀의 집안은 호적을 내줄 수 없다고 버텼으며 고하루는 집안과 의절하고 말았다. 혼인 신고도 하지 못한 상태에서 1926년 3월에 첫째 딸 도모코(智子)가 태어나자 우장춘 부부는 더욱 난감한 신세가 되었다.

1926년 여름에 우장춘은 고노스(鴻巣)에 위치한 농사시험장으로 자리를 옮겼다. 이 무렵 그의 집안과 가까이 지내던 스나가 하지메(須永元)가 흥미로운 제안을 했다. 고하루가 먼저 스나가 집안에 양녀로 들어간 다음에 우장춘이 데릴사위가 되면 어떻겠냐는 것이었다. 결국 우장춘은 일본 국적과 함께 '스나가 나가하루(須永長春)'라는 일본식 이름을 얻었다. 일본 국적과 한국 국적을 모두 보유하게 되었던 것이다.

일본식 이름이 자신이 살아가는 데 이익이 될 수도 있었겠지만, 우장춘은 '우'라는 성을 계속 고집했다. 그는 일본어 논문에서는 '우장춘(禹長春)'으로, 영어 논문에서는 '나가하루 우(Nagaharu U.)'로 자신의 이름을 표시했다. 아버지와의 연분을 유지하고 싶은 심리가 작용했는지, 아니면 오랫동안 사용해 온 성을 굳이 바꿀 필요가 없다고 생각했는지, 정확한 이유는 알 수 없다. 우장춘은 한번 세운 뜻에 대해서는 철저히 지켜 나가고 자신을 속이거나 포장하는 행위는 용납하지 않는 성품을 가지고 있었다.

## 나팔꽃과 피튜니아에 관한 연구

우장춘 부부는 위로 네 명의 딸과 아래로 두 명의 아들을 두었다. 우장춘은 집안에서 옛날 아버지들의 전형적인 모습을 보였다. 엄한 모습을 한 채 집안일을 거의 거들지 않았던 것이다. 고하루는 우장춘을 따라 주면서 힘든 일이 있어도 내색하지 않았다. 우장춘은 '불도그'라는 별명을 가지고 있었다. 사실상 그의 외모는 불도그 같은 인상을 풍기고 있다. 게다가 우장춘은 불도그와 같은 강한 승부욕을 가지고 있었다. 그는 마작, 바둑, 장기, 화투와 같은 놀이를 할 때도 집요한 승부를 즐겼다.

우장춘의 승부욕이 가장 잘 발휘된 영역은 다름 아닌 연구였다. 그는 늦은 시간까지 연구에 매달렸고 어떤 때에는 밤을 꼬박 새우기도 했다. 잠자리에 들 때는 머리맡에 종이와 빨간 펜을 두고 아이디어가 떠오려면 벌떡 일어나 메모를 했다고 한다. 그러던 중 우

1950년에 우장춘이 귀국하기 직전에 찍은 가족사진. 왼쪽부터 부인 고하루, 넷째 딸 아사코, 장녀 도모코, 장남 모토하루, 우장춘, 차녀 마사코, 차남 스에하루, 셋째 딸 요오코.

장춘에게 고민이 생겼다. 열심히 연구한다고 해서 앞날이 보장되는 것은 아니었고, 높은 자리로 승진하려면 좋은 학력이 필요했던 것이다. 이에 우장춘은 박사학위에 대한 열망을 키워나갔다. 당시 일본에서는 대학의 정규 과정을 밟지 않아도 뛰어난 연구 업적이 있으면 박사가 될 수 있었다.

우장춘에게는 나팔꽃이 좋은 연구 재료가 되었다. 나팔꽃을 자세히 보면 색깔이 매우 다양한데, 그 이유는 유전자가 변형되기 때문이다. 그는 다양한 나팔꽃으로 교배 실험을 하면서 새로운 나팔꽃을 만들어내는 연구를 수행했다. 이 과정에서 아주 특이한 나팔꽃을 찾아냈는데, 겉모습은 거의 유사하지만 염색체가 반만 있는 나팔꽃이었다. 나팔꽃의 반수체(감수분열의 결과로 염색체 세트의 수가 절반으로 줄어든 세포)에 대한 우장춘의 연구는 1930년에 일본의 유명 과학 저널인 ≪유전학 잡지≫에 실렸다.

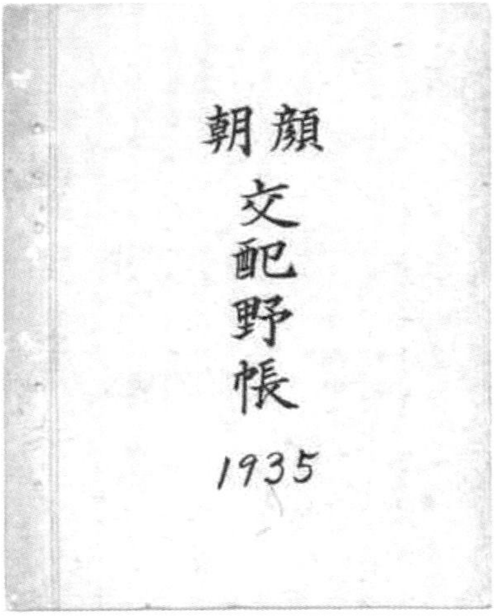


우장춘의 나팔꽃(朝顔) 연구에 관한 작업일지(1935년). 국립원예특작과학원이 우장춘의 장남인 스나가 모토하루를 설득해 자료를 전달받아 국가기록원에 기증했다.

우장춘은 농사시험장 책임자의 권유로 피튜니아(페튜니아)도 연구했다. 남미가 원산지인 피튜니아는 서양 사람들에게 관상용으로 많은 인기를 누리고 있었다. 문제는 아무리 애를 써도 완전한 겹꽃 피튜니아를 얻기 어렵다는 점이었다. 겹꽃끼리 교잡을 해도 홑꽃이 섞여 나왔던 것이다. 우장춘은 사카타(酒田) 종묘회사가 제공한 피튜니아 종자로 꾸준한 실험을 수행했다. 결국 그는 여덟 겹을 가진 대형 피튜니아를 개발했는데, 그것은 절대우성 형질을 가지고 있어 교잡을 해도 완전 겹꽃 피튜니아만을 생산해냈다. 이 연구결과를 바탕으로 사카타 종묘회사는 엄청난 수익을 올렸고, 우장춘은 그것을 논문으로 작성해 박사학위를 받고자 했다.

그러나 우장춘의 기대는 하루아침에 물거품이 되고 말았다. 1930년 가을에 시험장 본관 건물에서 누전으로 인한 화재가 발생하여 완전 겹꽃 피튜니아에 관한 실험 기록이 모두 유실되었던 것이다. 설상가상으로 대형 겹꽃 피튜니아에 대한 소유권은 사카타 종묘회사가 독차지하게 되었다. 우장춘은 이루 말할 수 없는 실망감을 느꼈다.

우장춘이 발표한 겹꽃 피튜니아에 관한 논문은 한 쪽짜리에 불과했다. 그는 불의의 사고로 실험 기록을 잃어버려 정확한 숫자를 제시할 수 없기 때문이라고 논문 끝에 적었다. 다행히도 우장춘은 겹꽃 피튜니아에 관한 연구로 일본 과학계의 주목을 받기 시작했다. 일본유전학학회에서 여러 차례 초청을 받아 강연을 했고 논문도 잇따라 발표했다.

이 무렵에 우장춘에게 다가간 인물은 니혼대학을 졸업한 후 신문기자로 일하던 김종(金鍾)이었다. 김종은 우장춘이 뛰어난 과학자인데다 명성왕후 시해사건에 연루된 우범선의 아들이라는 점에 흥미를 가졌다. 김종은 종종 농사시험장을 방문하여 우장춘을 만났고 두 사람은 매우 가까운 사이가 되었다. 김종은 1934년 9월 16일과 17일에 ≪조선중앙일보≫에 우장춘 방문기를 연재하여 우장춘의 존재를 조선에 알리기도 했다.

## 종의 합성을 입증한 우의 트라이앵글

1930년의 화재 직전에 우장춘은 유채(油菜)에 대한 연구를 진행하고 있었다. 유채는 벼를 벤 뒤에 심어 다음 해 모내기 전에 수확하는 두해살이 작물이다. 당시 일본에서는 농가 수익을 늘리기 위해 수확 시기가 빠르고 생산량이 많은 품종의 개발에 관심이 많았다. 어느덧 유채연구실 책임자가 된 우장춘은 두 명의 일본인과 함께 유채에 대한 연구를 추진했다. 우장춘 연구실은 일본 유채와 서양 유채를 교잡해 수확량이 우수한 잡종을 만들어내는 것을 목표로 삼았다. 일본 유채는 수확이 빠르지만 생산량이 적고, 서양 유채는 그 반대의 특성을 가지고 있었다.

우장춘 연구실은 겉모습이 비슷할 지라도 염색체가 저마다 다르고 그로 인해 교잡에도 상당한 어려움이 생긴다는 사실을 알아냈다. 이에 따라 유채를 제대로 연구하기 위해서는 유전에 관여하는 염색체를 체계적으로 살필 필요가 있었다. 유채 연구는 1930년의 화재 사고도 피해갔다. 실험 자료의 대부분이 본관이 아닌 시험재배지에 있어 피해를 면했던 것이다. 우장춘은 유채 연구에 대단한 애착을 가졌는데, 유채 잎을 생각해서 이듬해 태어난 셋째 딸의 이름을 '요오코(葉子)'로 지었다고 한다.

우장춘은 유채를 포함한 배추속(Brassica) 작물의 유전정보를 세밀히 관찰했다. 오늘날 유전체로 번역되는 게놈(genome)에 대한 연구를 수행했던 셈이다. 신기하게도 한 작물의 게놈을 구성하는 염색체의 수는 종이 다른 두 작물의 염색체수를 합친 것과 똑같았다. 가령 유채의 염색체수(38개)는 배추의 염색체수(20개)와 양배추의 염색체수(18개)를 합친 것과 동일했다. 우연의 일치일 수도 있다고 생각한 우장춘은 실험실에서 그러한 현상을 재현해 보기로 했다. 우장춘은 배추와 양배추를 가지고 수많은 중간교잡 실험을 실시했으며, 그 결과 유채를 인위적으로 만들어낼 수 있었다. 이러한 연구 성과는 '종의 합성이론' 혹은 '우의 트라이앵글(U's Triangle)'로 불린다. 우장춘은 종의 합성에 관한 주장을 최초로 입증하여 그것이 과학적 이론으로 자리 잡는 데 결정적으로 기여했던 것이다.

우장춘이 규명한 종의 합성이론은 유전학, 진화론, 육종학의 측면에서 상당한 가치를 지니고 있다. 그의 연구는 생물체들의 염색체 구성과 그것의 상호관계를 명쾌하게 밝힌 유전학의 우수한 성과에 해당한다. 또한 서로 다른 종의 교잡으로도 새로운 종이 탄생할 수 있다는 획기적인 주장을 담고 있다. 이전의 진화론은 자연선택이나 돌연변이를 통해 새로운 종이 출현한다는 점을 강조해 왔는데, 종의 합성이론은 진화의 새로운 메커니즘으로 교잡에 주목했던 셈

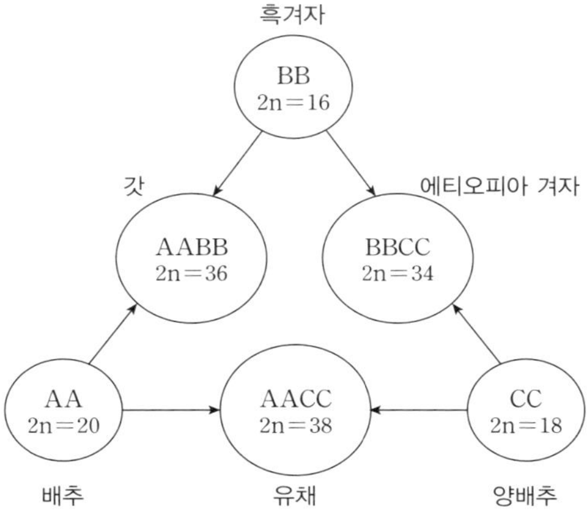


종의 합성을 입증한 우장춘의 삼각형에 관한 개념도. 배추(Brassica campestris), 양배추(B. oleracea), 유채(B. napus), 흑겨자(B. nigra), 갓(B. juncea), 에티오피아 겨자(B. carinata)를 대상으로 삼고 있다.

이다. 아울러 우장춘의 연구는 농작물의 육종과 개량에 필요한 유전학적 토대를 마련하여 첨단 육종학의 시대를 열었다고 평가할 수 있다.

우장춘의 연구는 매우 괄목한 것이지만, 이를 지나치게 확대 해석해서는 곤란하다. 지금도 인터넷 자료를 검색해 보면 "우장춘의 연구가 세계 최초로 다윈의 진화론을 논박하고 수정했다."는 식의 표현이 종종 등장한다. 그러나 다윈은『종의 기원』에서 같은 종들의 교배를 통해서만 새로운 종이 출현한다고 주장하지도, 다른 종들의 교배를 통한 종분화가 불가능하다고 단언하지도 않았다. 또한 이미 1910년대부터 일본의 육종학자들은 인근 품종들의 배수성(ploidy)에 관한 연구를 통해 식물종의 진화를 탐구해 왔다. 특히 1930년에는 교토제국대학의 기하라 히로시(木原均)가 '게놈 분석'이라고 부른 염색체 분석 방법을 정립하여 밀의 종분화를 탐구하고 있었다. 우장춘은 이러한 연구 전통 내에서 1935년에 배추속 품종 사이의 교잡 실험을 통해 해당 작물들의 상호관계를 밝혔던 셈이다.

종의 합성에 관한 우장춘의 논문은 1935년 ≪일본 식물학 저널(Japanese Journal of Botany)≫에 「배추속 식물에 관한 게놈 분석」이라는 제목으로 실렸다. 영어로 작성된 이 논문은 염색체 이론을 바탕으로 종들의 게놈 구조와 그 상관관계를 무려 63쪽에 걸쳐 완벽하게 밝힌 대작이었다. 우장춘의 논문은 여러 국가에서 널리 읽혔고 유전학 교과서에도 실렸다. 이를 계기로 우장춘은 일본을 넘어 세계적으로 인정받는 과학자가 되었다.

우장춘은 「배추속 식물에 관한 게놈 분석」을 주(主)논문으로 삼고 부(副)논문 몇 개를 추가하여 1936년 5월에 38세의 나이로 도쿄제국대학에서 농학박사학위를 받았다. 우장춘이 박사학위를 받았다는 소식은 일본의 언론에서 대서특필되었고 한국의 신문에도 짤막한 기사가 실렸다.

오랫동안 우장춘이 한국인 최초의 농학박사라고 알려져 왔지만, 사실은 그렇지 않다. 이훈구가 1929년에 위스콘신 대학에서, 임호식이 우장춘에 몇 달 앞서 홋카이도제국대학에서 농학박사학위를 받았던 것이다. 해방 이전에 농학박사학위를 취득한 인물로는 2명이 더 있다. 김양하는 1943년에 도쿄제국대학에서, 계응상은 1945년에 규슈제국대학에서 농학박사학위를 받았다. 그중 계응상은 누에 연구 전문가로 일본, 중국, 남한, 북한으로 이어지는 역정의 인생을 살았다.

북한에서 발행된
계응상에 관한 우표

## 알에서 깨어 나오다

세계적인 논문을 쓰고 박사학위까지 받았지만, 농사시험장에서 우장춘의 공식적인 직위는 달라지지 않았다. 무려 16년 동안 '기수'라는 하위직에서 벗어나지 못했던 것이다. 우장춘은 자신의 실력에 상응하는 대우를 받고 싶었다. 고위직인 기사(技師)로 승진할 수 있다면 외지로 나가도 좋다고 생각했다. 1937년 봄에 우장춘은 목화농장을 시찰하기 위해 한반도를 거쳐 중국의 칭다오로 출장을 갔다. 이를 통해 그는 일본 농림성이 운영하던 목화농장의 책임자가 되고 싶다는 의지를 표현했다. 그러나 우장춘의 기대는 희망사항으로 끝나고 말았다. 당시 일본 농림성 내부에서는 "중국인 가운데는 조선인을 경시하는 자가 많기 때문에 우장춘을 농장장으로 모시고서는 통솔이 이루어지지 않을 것"이라는 의견이 많았다고 한다. 사실상 조선인의 피가 흐르는 사람에게 일본 관청의 높은 자리를 맡길 수 없다는 뜻이었다.

우장춘은 농사시험장에 사표를 낸 후 1937년 9월에 교토에 위치한 다키이(瀧井) 종묘회사의 초대 연구농장장으로 자리를 옮겼다. 그 회사는 우장춘에게 넓은 사택을 제공하고 한국인의 채용을 용인하는 등 특별한 대우를 해 주었다. 이에 반해 일본 정부는 퇴직 하루 전에야 우장춘을 기사로 승진시키는 행보를 보였다. '만년 기수'를 위로하는 차원에서 임명한 '1일 기사'였던 셈이다.

김종은 우장춘과 한국을 연결하는 메신저 역할을 톡톡히 수행했다. 김종은 1937년 12월 28일 ≪동아일보≫에 「진화론의 신개척: 우장춘 박사의 학위논문 개요」라는 기사를 썼다. 김종은 우장춘에 대해 "바른 학자적 성격의 소유자로 일본에 있는 한국인 학자 및 기술자의 최고봉"이라고 평가했다. 김종의 주선으로 우장춘은 1938년 1월 14일에 「유전과학 응용하는 육종개량의 중요성: 조선은 아직은 처녀 시대」라는 글을 투고했다. 그는 "조선의 고유한 품종을 개량하는 일이 급선무"라고 진단하면서 "많은 노력과 지도와 분발을 부단히 해 주기 간절히 바란다."고 덧붙였다. 이때부터 우장춘은 혈족을 찾아 한국을 여러 차례 방문했으며, 1943년에는 조선다키이 종묘회사가 주최했던 제3회 전선소채과실품평회(全鮮蔬菜果實品評會)에 심사자로 참가하기도 했다.

우장춘의 새로운 거처가 된 교토는 한국인들이 많이 모여 있는 곳이었다. 특히 교토제국대학에는 '교토 3인방'으로 불리는 이태규, 리승기, 박철재가 있었다. 그들은 교토제국대학에서 박사학위를 받은 후 교수나 강사로 활동하고 있었고 해방 이후에는 한국이나 북한을 대표하는 과학자로 활약하게 된다. 세 사람은 서로 친하게 지냈고, 우장춘도 종종 어울렸다. 제2차 세계대전이 막바지에 치달으면서 리승기와 박철재는 일제를 비난했다는 죄목으로 감옥에 갇히기도 했으며, 우장춘의 집에도 사상 범죄를 다루는 경찰이 자주 찾아왔다. 우장춘은 한국인들과의 다양한 만남을 계기로 일본 사회에 뿌리를 내려야 한다는 강박관념에서 벗어나기 시작했다. 자신을 찾아온 한국인 학생에게 "나 자신만을 위해서도 아니고 나라만을 위해서도 아니고 전 인류의 복지를 위하는 심정으로 과학을 한다."고 말한 적도 있었다.

『이태규 박사 전기』(동아, 1990), 124쪽에 실린 사진. 우장춘(왼쪽)이 1937년 9월에 다키이 종묘회사로 왔고, 이태규(가운데)가 1938년 12월에 미국 프린스턴 대학으로 유학을 갔으므로 그 사이에 찍은 사진으로 추정된다. 1990년 당시의 남북관계를 고려하여 월북 과학자인 리승기(오른쪽)의 이름은 빠져 있다. 세 사람은 독립한 조국에서 다시 만나지 못했다. 우장춘은 1950년 6·25 전쟁 때 부산으로 피난한 이태규의 가족을 도와주기도 했다.

우장춘은 다키이 종묘회사에 고마움을 느끼면서 최선을 다해 보답하고자 했다. 그는 농장의 연구기반을 빠른 시일 내에 구축하면서 회사에 도움이 될 만한 연구에 집중했다. 특히 우장춘은 경험적 기술에 의존하던 기존의 육종법을 지양하면서 유전학을 바탕으로 육종을 과학화하는 데 심혈을 기울였다. 1942년 7월에는 육종연구의 성과를 알리기 위해 ≪원예와 육종≫이라는 잡지가 창간되었는데, 발행처는 다키이 종묘회사였고 편집기자는 김종이 맡았다. 우장춘은 매형의 조카를 김종에게 소개하여 결혼에 이르게 했으며, 이로써 김종과 우장춘은 친척의 연으로 이어졌다. ≪원예와 육종≫은 1943년 4월부터 ≪육종과 원예≫로 개명되었고 1944년 7월에 종간되었다.

당시에 각광을 받고 있던 육종기술은 서로 다른 품종을 교잡하여 우수한 잡종을 얻어내는 일대잡종(first filial generation, F1)기술이었다. 하지만 배추과 작물의 경우에는 자가수분(제꽃가루받이)이 잘 이루어지지 않고 타가수분(딴꽃가루받이)을 하면 순도가 크게 떨어지는 문제를 안고 있었다. 우장춘은 꾸준한 실험을 바탕으로 배추과 작물의 품종 개량에서 걸림돌로 작용한 자가불화합성(self-incompatibility)을 해결하는 방법을 찾아냈다. 서로 다른 일대잡종을 무수히 교배하여 화합성을 지닌 품종들을 찾아낸 후 그것들을 가지고 다시 교배를 실시함으로써 우량 품종을 만드는 방법이었다. 이러한 방법을 사용하면 품질의 균일성은 조금 떨어졌지만 우량 품종을 대량으로 얻어낼 수 있었다.

우장춘은 1945년에 일본종묘협회가 주최한 제1회 종묘강습

회에서 강연을 했고, 이를 바탕으로 ≪농업과 원예≫에 「채소의 육종기술」이란 논문을 연재했다. 우장춘은 당시에 개발된 최신의 육종기술을 유형별로 자세히 소개했으며 그 적용 방법까지 예시했다. 특히 자가불화합성을 해결하는 방법과 함께 웅성불임성(male sterility)을 이용하는 방법도 다루었다. 양파의 경우에는 화분의 불임 현상을 일으키는 돌연변이를 만들어 효율적인 잡종 강세를 가져올 수 있다는 것이었다. 우장춘의 1945년 논문은 채소의 육종기술을 체계적으로 집대성한 결정판으로 평가되고 있다.

우장춘은 일본이 패전한 직후인 1945년 9월에 다키이 종묘회사를 그만두었다. 당시에 회사의 소유주는 한국에 있는 자신의 농장이 몰수되지 않도록 우장춘에게 힘을 써 달라고 부탁했다. 우장춘은 그 요구를 거절했고 소유주와 불편한 관계가 지속되자 사표를 내고 말았다. 우장춘은 정법사(正法寺)로 거처를 옮긴 후 지인들과 연구 농장을 세워 운영하려 했으나 그것도 뜻대로 되지 않았다. 그 후 우장춘은 한국으로 건너올 때까지 다른 일자리를 구하지 않은 채 무위도식하며 지냈다. 어느덧 그의 나이도 오십대로 접어들었다.

## 연구와 생활을 함께 한 공동체

그러던 중 1947년에는 우장춘 환국추진운동이 시작되었다. 이를 주도한 인물은 당시 경상남도 농림국장으로 재직 중이던 김종이었다. 그는 우장춘을 널리 알리면서 한국으로 데려오자는 여론을 모았다. 귀국 제의를 받은 우장춘은 오랜 고심 끝에 가족을 남겨두고 한국으로 오기로 결정했다. 경남지사를 지낸 김병규를 위원장으로 하는 '우장춘 환국추진위원회'가 결성되었고, 부산 지역의 인사들이 위원회의 회원으로 대거 참여했다. 환국추진위원회는 시민들을 대상으로 모금운동을 전개하여 일본에 남을 우장춘 가족의 생계를 도와주기 위해 100만 원을 보내기도 했다.

1949년 4월 30일에는 정부의 지원을 바탕으로 부산시 동래 일원에 한국농업과학연구소가 설립되어 우장춘을 맞이하기 위한 준비를 마쳤다. 한국농업과학연구소는 1953년에 중앙원예기술원으로 개칭된 후 1957년 농사원 원예시험장, 1962년 농촌진흥청 원예시험장, 1994년 농촌진흥청 원예연구소를 거쳐 2008년에 국립원예특작과학원으로 개편되었다. 우장춘은 한국으로 귀환한 후 세상을 떠날 때까지 한국농업과학연구소 소장, 중앙원예기술원 원장, 원예시험장장을 잇달아 맡았다. 9년 5개월 동안 연구기관의 장을 맡았던 셈인데, 그것은 다른 국공립연구소의 책임자가 2~3년 만에 교체되었던 상황과 대비된다.

1950년 3월 8일에 우장춘은 수송선 신코마루(新興丸)를 타고 나가사키를 출발해 부산에 입항했다. 6·25 전쟁이 터지기 두 달 전이었다. 그는 평소와는 다르게 옷차림에도 신경을 많이 썼다. 양복을 잘 차려입었고 그 위에 코트까지 걸쳤다. 우장춘의 짐 보따리에는 각종 종자, 과학 도서, 실험기구 등이 가득 차 있었다. 환국추진위원회가 가족의 생활비로 보내 준 돈으로 구입한 것이었다.

우장춘은 배에서 내린 후 '환영 우장춘 박사 환국'이라고 적힌

현수막의 뒤를 따랐다. 10일 후에는 귀국환영회가 동래원예고등학교 교정에서 열렸다. 여러 곳에서 우장춘을 반기는 축전이 답지했는데, 처음 낭독된 것은 "귀국을 진심으로 축하합니다. 대통령 이승만"이었다. 이승만은 우장춘의 아버지 우범선을 오래 전부터 알고 있었다. 구체적인 노선에서는 차이가 있었지만 두 사람 모두 서양 문물을 받아들여 조선을 발전시키자는 개화파의 일원이었다. 우범선의 심복으로 그의 딸과 결혼한 강원달은 한때 이승만과 수감 생활을 함께 한 인연도 가지고 있었다.

김병규 위원장은 환영사를 통해 "이렇게 곤란한 시기에 우장춘 박사께서 귀국해 주신 것은 우리들에게 있어서 무어라 형언할 수 없는 기쁨입니다."고 말했다. 난생 처음으로 한복을 입고 나타난 우장춘은 다음과 같은 소회를 밝혔다. "저는 지금까지 어머니의 나라인 일본을 위해서 일본인에게 뒤떨어지지 않을 정도로 노력해 왔습

부산항에서 우장춘을 환영하는 시민들(왼쪽)과 귀국환영회에서 인사말을 하는 우장춘(오른쪽). 오른쪽 사진에서 한복 차림의 우장춘 옆에 있는 사람이 김종이다.

니다. 그러나 지금부터는 아버지의 나라인 한국을 위해서 최선을 다할 각오입니다." 당시 우장춘에게 한국은 아버지의 나라였고 자신의 나라로 부르기에는 어색했던 셈이다.

우장춘은 1950년 5월 10일에 한국농업과학연구소 소장으로 취임했다. 그는 한국 농업의 현실을 파악하기 위해 전국의 농촌을 샅샅이 둘러보았다. 시찰을 마친 우장춘은 "이러한 상태에서는 한국의 농촌은 국민의 식생활을 지탱할 힘을 잃게 된다."고 걱정했다. 당시만 해도 한국의 많은 농가들은 재래 종자를 그대로 사용하고 있었으며, 채소 종자의 경우에는 일본을 포함한 외국에서 무질서하게 반입하고 있었다. 한국의 열악한 농촌 실정을 돌아본 우장춘은 자신의 연구 방향을 새롭게 잡았다. 일본에서는 최신의 학문적 연구에 열정을 쏟았지만, 한국에서는 현실적 수요가 많은 실용적 연구에 치중하기로 했다. 한국 농업의 실정에 부합하는 '한국적 과학연구'를 지향했던 것이다. 우장춘은 연구소 사람들에게 학술적 연구는 뒤로 미룰 것을 요구했으며 그 자신도 연구논문을 쓰지 않았다.

한국농업과학연구소는 1952년부터 실질적으로 가동되었다. 우장춘은 농림부 장관직에 대한 제의도 거절하면서 오로지 연구에만 매진했다. 아침 일찍 실습장에 나와 채소와 꽃에 파묻혀 지내다가 밤늦게 귀가했다. 항상 작업복과 고무신 차림으로 생활했기 때문에 '고무신 박사' 혹은 '고무신 할아버지'라는 별명도 생겼다. 우장춘의 연구소는 농림부 평가에서 사무능률, 근무태도, 직원의 신뢰, 책임 의식 등 모든 면에서 최고 점수를 받았다. 그는 한국에서 오해와 곤란을 겪기도 했다. 우리말을 할 줄 몰라 대화나 강의를 일본어로

하는 바람에 '친일파'라는 의심도 받았다. 한국 음식을 잘 먹지 못했고 김치는 너무 매워서 멀리했다. 배추의 육종 연구에 열정을 쏟았지만 김치까지 좋아하기는 어려웠던 모양이다.

당시 한국에는 고등교육을 받은 연구자들이 크게 부족했다. 게다가 한국의 연구자들은 연구소를 기피하면서 조건이 더 좋은 대학이나 관청에서 근무하는 것을 원했다. 우장춘은 젊은이들을 자신의 연구소로 끌어들이기 위해 연구생 제도를 도입했다. 합숙 시설을 마련했고 외국어 교육도 시켰으며 징집 면제까지 주선했다. 연구생에 대한 교육은 현장 지도의 방식으로 실시되었다. 일터인 실습장에서 각 연구생에게 실제로 필요한 교육이 맨투맨으로 이루어졌던 것이다. 어느 정도 시간이 지난 뒤에는 과제별로 특화된 여러 개의 연구팀을 구성하여 경력자가 초보자를 이끌도록 했다. 우장춘은 연구소 사람들에게 "눈빛이 식물의 잎을 뚫어 그 뒤까지도 볼 수 있어야 한다."는 말을 자주 했다고 한다.

우장춘 박사가 연구생을 지도하는 광경

우장춘은 연구소 사람들에게 집안의 어른과 같은 존재였다. 연구소의 어느 누구도 그의 말을 함부로 거스르거나 비판할 수 없었다. 이 때문에 부소장은 자신의 역할을 다하지 못해 자주 교체되기도 했다. 김종이 초대 부소장을 지내다가 우장춘과의 견해 차이로 연구소를 그만두는 일도 생겼다. 연구소 사람들은 대부분 관사나 합숙소에서 생활했기 때문에 인간적으로도 매우 가까운 사이였다. 그들은 연구와 생활을 함께 하는 공동체를 이루면서 우장춘의 연구 사업, 생활방식, 가치관 등을 서로 공유했다. 전북대 과학학과 김근배 교수는 이러한 공동체를 '장춘학파'라 부르고 있다. 장춘학파 중에서 우수한 연구자로 성장한 인물로는 김동우, 최정일, 지계선, 현영주, 정덕교, 김영실, 홍영표, 김태욱, 진정기 등을 들 수 있다. 우장춘의 지도를 받은 후학들은 30여 명에 달했는데, 그들은 이후에 '원우회'를 조직하고 스스로를 '우장춘 교도'라 부르기도 했다.

## 종자 자립과 신품종 개발

채소의 품종을 개량하기 위한 육종연구에는 많은 시간이 걸린다. 특히 한국에서는 오랫동안 잡다한 품종의 채소가 재배되어 왔기 때문에 순종을 찾기 힘들었다. 또한 재래 품종만으로 우량 형질의 채소를 만드는 것도 쉽지 않았다. 당시에는 채소의 수확량이 매우 적었기 때문에 채소의 공급을 원활히 하는 것도 시급한 과제였다. 우장춘은 이러한 문제를 빠른 시일 내에 해결하기 위해 연구 사업을 크게 두 단계로 나누어 추진했다.

첫 번째 단계에서는 기존 품종에서 우량 품종을 찾아내 수입에 의존하던 채소 종자를 우리 스스로 생산하는 데 역점을 두었다. 그것은 다양한 재래 품종과 외래 품종 중에서 한국의 기후와 식성에 맞는 품종을 찾아내는 일에서 시작되었다. 이렇게 선발된 품종의 종자는 외지와 격리된 전라남도 진도에서 대량으로 생산되어 전국적으로 보급되었다. 그 결과 1950년대 중반에는 한국이 배추, 무, 고추, 양배추, 호박, 가지, 양파, 파 등을 자급자족할 수 있는 수준으로 올라설 수 있었다. 채소는 일본으로부터 경제적 독립을 이룬 최초의 분야로 평가되기도 한다.

두 번째 단계에서는 서로 다른 품종 사이의 교잡실험을 실시하여 우량 일대잡종의 시대를 여는 데 주력했다. 우장춘은 일본에서 수행한 연구를 더욱 발전시켜 잡종강세를 지닌 신품종들을 본격적으로 개발하는 작업을 추진했다. 그 결과 1960년대에 들어서는 배추 원예 1호와 2호, 양파 원예 1호와 2호, 양배추 동춘(東春) 등과 같은 신품종들이 잇달아 등장했다. 그 중에서 일대잡종 배추는 자기불화합성을 이용해 개발한 세계 최초의 연구업적에 해당한다. 우리가 속이 꽉 찬 배추로 맛있는 김치를 담가 먹는 것도 우장춘 덕분이라고 할 수 있다. 그가 개발한 신품종들은 민간 종묘회사에 분양되어 한국 종묘산업의 태동과 성장에도 크게 기여했다. 이상과 같은 업적을 바탕으로 우장춘은 1957년에 농림부 장관 표창과 제1회 부산시 문화상을 받았다.

장춘학파의 성과는 여기에 국한되지 않았다. 그들은 당시 채소 재배가 안고 있던 기생충 감염의 문제를 해결하기 위해 한국에서 처음으로 청정 재배를 시도했다. 또한 일본에서 도입한 귤나무를 시험적으로 재배하고 품종의 개량하여 제주도가 대규모 감귤 생산지로 발돋움하는 데 기여했다. 아울러 무병 씨감자의 시험 재배에 성공하여 황무지나 다름없던 강원도 대관령이 감자 특산지로 성장할 수 있는 기반을 마련했다.

우장춘은 일반 대중을 상대로 한 강연에도 적극적으로 임했는데, 육종연구의 위력과 가치를 생생하게 보여주기 위해 '씨 없는 수박'을 자주 활용했다. 그는 강연회가 열릴 때마다 씨 없는 수박을 꺼냈으며, 연구소에서 재배한 씨 없는 수박을 시연해 보이기도 했다. 씨 없는 수박에 대한 이야기는 사람들의 입소문을 타고 널리 퍼졌으며, 1955년 대구에서는 경상북도 산업국 주최로 '씨 없는 수박 시식회'가 개최되기도 했다.

이러한 과정에서 우장춘과 씨 없는 수박은 점점 밀접한 관계를 형성하게 되었고 급기야 우장춘이 씨 없는 수박의 '재배자'에서 '개발자'로 둔갑되기에 이르렀다. 사실상 씨 없는 수박은 앞서 언급했던 기하라 히토시가 1943년에 처음 개발했는데, 씨 없는 수박이 우장춘의 대표 업적으로 간주되는 촌극이 빚어졌던 것이다. 이러한 점은 일본의 여성 저술가 츠노다 후사코(角田房子)가 1990년에 우장춘에 관한 전기로 『나의 조국』을 발간하면서 지적한 바 있다.

우장춘의 마지막 연구과제는 벼에 관한 것이었다. 그는 일찍부터 한국에서 가장 중요한 작물인 벼에 관한 육종연구를 자신의 최종 목표로 정해 놓았다. 우장춘은 연구소 가장자리에 벼를 심어 관찰하는 것을 시작으로 새로운 벼 품종의 개발에 몰두했다. 그러나 벼에 관한 육종연구는 우장춘의 건강이 갑자기 악화되는 바람에 뜻대로 진척되지 못했다. 1959년 5월 원예시험장 창립 10주년 기념식을 마친 후에 십이지장 궤양이란 진단을 받았던 것이다. 우장춘이 일 년에 두 번 수확하는 '일식이수(一植二收)'를 연구했다는 주장도 있지만 이는 사실과 다르다. 일식이수는 우장춘의 전공 분야인 교잡을 이용한 육종연구와 연관성이 없을 뿐만 아니라 우리나라의 기후 여건으로는 재배할 수 없는 성격을 띠고 있다.

## "조국은 나를 인정했다"

우장춘은 늘 일본에 두고 온 가족에 대한 그리움을 안고 있었다. 당시에는 한국과 일본 사이에 전화 통화도 끊긴 상태라 편지로만 소식을 전할 수 있었다. 한번은 고하루가 남편에게 편지를 보냈다. "부디 저에 대한 것은 신경 쓰시지 말고 당신 필생의 사업인 한국 농업의 근대화와 농학 발전을 위해서 전력을 다해 주십시오. 아이들이 성장하면 저도 당신 곁에 갈 수 있겠죠. 저는 일본에서 그날이 오기를 즐거이 기다리겠습니다." 편지의 끝에는 "그대에게는 너무나 멀리 있는 침정화(沈丁花)"라는 글귀가 있었는데, 첨정화의 한국명은 서향(瑞香) 혹은 천리향(千里香)에 해당한다. 이에 따라 고하루의 편지는 '천리향의 편지'로 불리기도 한다.

1953년 어느 날, 우장춘은 '모친 중태'라는 전보를 받았다. 그는 출국 수속의 절차를 밟았지만, 출국 허가는 좀처럼 나오지 않았다. 그 이유로는 당시에 독도 영유권에 대한 한일 갈등이 극에 달했다는 점이 거론되고 있다. 결국 어머니 나카는 1953년 8월 18일에 81세의 일기로 세상을 떠나고 말았다. 모친 사망 소식이 전해지자 전국 각지에서 조의금이 쇄도했는데, 우장춘은 그 돈을 사용하여 농장 내에 우물을 팠다. 그 우물은 '자애로운 어머니의 젖'이란 뜻을 가진 '자유천(慈乳泉)'으로 명명되었다. 우장춘은 매일 아침 자유천에서 세수를 하고 주변을 정돈하는 것을 일과로 삼았다.

1955년경에는 부산 동래에 위치한 우장춘의 연구소가 많은 사람들이 방문하는 명소로 자리 잡았다. 한번은 200명 정도의 여고생 일행이 연구소 견학을 왔다. 학생들의 강한 요구에 우장춘이 직접 모습을 드러냈다. "내가 오늘 이렇게 연구할 수 있는 것은 두 명의 여성 덕분입니다. 그 한 사람은 어머니입니다. 내가 어렸을 때에 아버지가 돌아가셨기 때문에 어머니는 어려운 생활 속에서 온갖 고생을 무릅쓰고 나를 키워 주셨습니다. … 또 한 사람의 여성은 아내입니다. 아내는 결혼해서 줄곧 '가정의 일은 저에게 맡겨 주시고 당신은 연구에 전념해 주세요.'라고 말했지요. … 내가 연구의 성과를 올릴 수 있었던 것은 특별히 뛰어난 능력을 가지고 있었기 때문이 아닙니다. … 어머님과 아내, 이 두 명의 여성 덕분에 오늘의 내가 있는 것입니다. 여러분들도 언젠가는 아내가 되고 어머니가 될 것입니다. 부디 남편과 자식들로부터 사랑받고 존경받는 여성이 되어 주세요."

1958년에 우장춘이 맡고 있던 원예시험장은 경기도 수원으로 자리를 옮겼다. 같은 해에 그는 가족을 만나러 일본 교토로 갔다. 셋째 딸의 맞선 자리였는데, 넷째 딸이 자신의 신랑감으로 이나모리 가즈오(稲盛和夫, 1932~2022)를 소개했다. 넷째 딸 부부는 1958년 12월에 결혼했고, 이듬해 4월에 이나모리는 교토세라믹의 줄임말에 해당하는 '교세라'를 창업했다. 이나모리는 교세라를 세계적인 전자부품업체로 키우는 가운데 파산 직전의 일본항공(JAL)을 회생시키는 일도 맡았다. 그는 일본에서 '경영의 신'이라 평가를 받으면서 『아메바 경영』을 비롯한 많은 저술을 남겼다. 이나모리는 우장춘을 만났을 때 "같은 연구자로 이야기가 한껏 무르익었던 기억이 난다."고 회상했으며, 우장춘이 사망한 후 경기도 수원에 있는 장인의 묘를 찾기도 했다.

우장춘은 1959년 8월 10일에 세상을 떠났다. 61년 4개월의 파란만장한 인생을 마감했던 것이다. 그의 임종은 아내가 지켜보는 가운데 이루어졌다. 임종 3일 전에는 농림부 장관 이근식이 병실에 누워있던 우장춘을 찾아와 대한민국 문화포장을 전했다. 작곡가 안익태에 이어 건국 이래 두 번째였다. 이 자리에서 우장춘은 "나의 조국이 나를 알아주었어. 그것만으로도 나는 기쁘다네."라는 말을 남겼던 것으로 전해진다. "과학에는 국경이 없지만 과학자에게는 국적이 있다."는 명언이 떠오르는 대목이다.

우장춘의 장례는 수많은 사람들이 애도하는 가운데 사회장으로 치러졌으며, 시신은 농학연구기관들이 운집한 수원의 여기산 기슭에 묻혔다. 1960년 4월에 열린 묘비 제막식에서 시인 이은상은 다음과 같은 추도사를 바쳤다. "불우와 고난 속에 진리를 토파내어/ 종자합성 새 학설을 세계에 외칠 적에/ 잠잠턴 학문의 바다 물결 한

번 치니라/ 온갖 채소 종자 우리 힘으로 길러내어/ 겨레를 위하시니 그 공로 얼마던고/ 빛나는 문화포장을 웃고 받고 가니라/ 흙에서 살던 인생 흙으로 돌아가매/ 그 정신 뿌리 되어 싹트고 가지 뻗어/ 이 나라 과학의 동산에 백화만발하리라."

세월이 흘러 1998년은 우장춘 탄생 100주년이 되었고, 이를 계기로 우장춘을 기리기 위한 여러 사업이 전개되기 시작했다. 1999년에는 부산시가 옛 원예시험장 자리인 동래구 온천동에 '우장춘기념관'을 준공했다. 2000년에는 동래구 미남 교차로에서 식물원 입구까지의 산복도로가 '우장춘로'로 명명되었다. 같은 해에는 배추과 게놈연구 국제컨소시엄이 결성되면서 한국 배추가 표준 연구품종으로 선정되었는데, 그것은 우장춘의 연구전통이 세계적인 인정을 받았다는 징표에 해당한다. 2003년에 개관된 〈과학기술인 명예의 전당〉도 우장춘을 초대 헌정대상자로 모셨다. 2006년부터 부산시 동래구와 부산과학기술협의회는 해마다 우장춘 박사 추모식을 거행하고 있다.

김근배 교수가 우장춘을 과학 휴머니즘과 결부시킨 것도 흥미롭다. "사실 우장춘은 따스한 인간애와 함께 과학에 대한 열정을 갖춘 사람이었습니다. 이 둘은 인간애를 가지고 과학 활동을 추구하고, 과학 활동을 통해 인간애를 실천하는 식으로 연결되었지요. 우장춘이 과학 연구를 통해 인도주의를 펼치려고 하는 모습을, 우리는 과학 휴머니즘이라고 부를 수 있을 것입니다. … 우장춘이 한국으로 귀환한 것은 조국애보다는 바로 이러한 휴머니즘 때문이라고 할 수 있습니다. 먹을거리조차 구하기 힘든 아버지의 나라를 위해 자신의 가장 큰 장점인 과학적 재능을 전부 바치고자 했던 것입니다. 우장춘의 조국애는 오히려 한국행을 결정한 이후, 특히 한국에 와서 많은 사람들과 동고동락하는 속에서 생겨났다고 봐야 할 것입니다."

11장

# 레이첼 카슨
# Rachel Carson

봄이 침묵하는 까닭은?

과학의 발전이 우리의 삶을 더욱 편리하게 하는 것만은 아니다. 수많은 과학적 성과가 전쟁에서 사용되는가 하면 지구환경을 오염시키기는 원인으로 작용하기도 한다. 인류가 과학의 부정적인 측면을 심각하게 깨닫기 시작한 것은 그리 오래되지 않았다. 전쟁이나 핵무기에 반대하는 운동과 자연환경의 보존을 촉구하는 운동은 제2차 세계대전 이후에 본격적으로 전개되기 시작했던 것이다.

환경운동의 경우에는 미국의 여성 과학자이자 작가인 레이첼 카슨(Rachel Louise Carson, 1907~1964)의 활동이 중요한 역할을 담당했다. 그녀의 대표작인 『침묵의 봄(Silent Spring)』이 발간된 1962년에 토머스 쿤(Thomas S. Kuhn)이 『과학혁명의 구조(The Structure of Scientific Revolutions)』을 내놓았다는 점도 흥미롭다. 두 책은 모두 과학의 본성과 역할에 대해 성찰할 수 있는 계기를 제공했다.

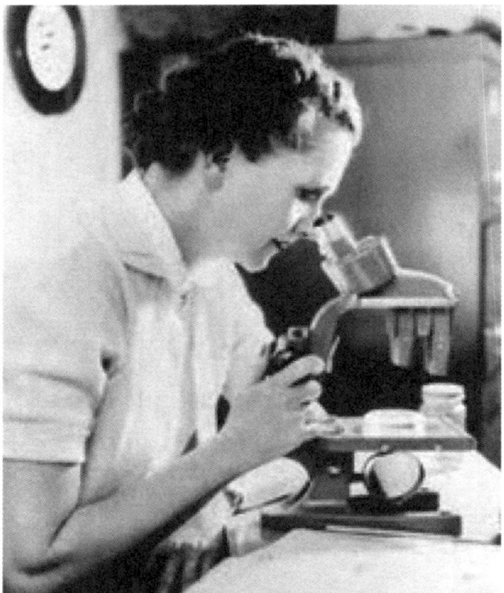

'환경운동의 어머니'로 불리는 레이첼 카슨

## 영문학에서 생물학으로

카슨은 1907년 5월 27일에 미국 펜실베이니아 주의 스프링데일에서 태어났다. 그녀의 아버지는 여러 사업에 손을 대었지만 별로 성공하지 못했다. 어머니는 장로교 목사의 딸로서 고등교육을 받았고 결혼 전에 교사로 활동하기도 했다. 어머니의 영향을 많이 받은 카슨은 어린 시절부터 음악과 독서를 좋아했으며, 다른 아이들에 비해 정신적으로 조숙했다. 무엇보다도 두 모녀는 자연 세계의 아름다움과 신비로움을 잘 알고 있었다. "나는 항상 자연 세계에 관심을 가졌어요. 나는 다소 경건한 아이로서 많은 시간을 숲과 냇물 가에서 보내면서 새, 곤충, 꽃을 배웠지요." 카슨은 11살 때 어린이 잡지에 글을 실어 원고료를 받는 등 작가로서의 재능도 보였다.

학창 시절을 우수한 성적으로 마친 카슨은 1925년에 장학금을 받아 펜실베이니아 여자대학(현재 채텀대학교)에 진학했다. 작가를 희망했던 그녀는 영문학을 전공하는 것이 좋겠다고 판단했다. 그러나 3학년 때 매혹적인 교수 스킨커(Mary S. Skinker)의 생물학 강의를 들으면서 전공을 바꾸었다. "나는 항상 글 쓰는 걸 좋아했어요. 그러나 집필을 위해서는 부족한 상상력을 메워야 했지요." 카슨에게는 생물학이 글쓰기의 풍부한 소재를 제공하기에 안성맞춤이었다.

카슨이 "대학 당국은 여성 과학 전공자가 없기를 바라고 있었다."고 회고할 정도로 당시 미국 사회에서는 여전히 과학과 여성이 어울리지 않는다는 관념이 지배적이었다. 그러나 그녀는 스킨커 교수의 도움에 힘입어 생물학 전공으로 대학을 당당히 졸업했고, 장학금을 받아 존스 홉킨스 대학의 대학원 과정에 진학할 수 있었다. 카슨은 대학원 과정을 통해 새로운 유전학 지식을 습득하면서 메기의 신장에 대한 논문을 작성하여 1932년에 석사학위를 받았다. 학위를 준비하는 동안 그녀는 우즈 홀의 해양생물학 연구소(Marine Biological Laboratory)에서 1년 남짓 일했는데, 거기서 그녀는 이후에 자신이 오랫동안 다루게 될 해양생물을 연구할 수 있었다.

카슨은 박사과정에 진학한 후 해양생물학 연구에 더욱 매진했지만, 안타깝게도 1934년에 학업을 중단하고 말았다. 집안의 경제 사정이 대공황과 맞물려 더욱 악화되었기 때문이었다. 설상가상으로 1935년에는 아버지와 언니가 세상을 떠났고, 카슨과 어머니는 언니의 두 딸을 양육하게 되었다. 카슨은 여러 아르바이트를 하면서 공무원 시험을 준비하기도 했다.

사실상의 가장이 된 카슨은 닥치는 대로 문을 두드리기로 마음먹었다. 이전에 우즈 홀 연구소에서 스킨커 교수의 소개로 만났던 허긴스(Elmer Huggins)를 찾아갔다. 허긴스는 미국 수산국(Bureau of Fisheries)에 근무 중인 생물학자로 때마침 카슨과 같은 사람을 찾고 있었다. 수산국은 〈해저 로맨스〉라는 제목의 라디오 프로그램을 제작하고 있었는데, 일반 작가는 생물학 지식에 약했던 반면 어류 전문가는 어려운 이야기만 늘어놓았던 것이다. 허긴스는 카슨에게 "나는 자네가 쓴 글을 단 한 글자도 본 적이 없지만, 모험을 한번 해보려고 하네."라고 말했다.

카슨은 1936년에 워싱턴에 소재한 미국 수산국의 연구원으로 고용되었다. 당시의 수산국에는 여성 직원이 두 명 있었는데, 한 명

카슨이 동료인 밥 하인스(Bob Hines)와 함께 현장 조사를 하는 모습

은 사무원이었고 한 명은 카슨이었다. 카슨은 해양생물에 대한 방송 대본과 대중용 브로슈어를 작성했으며, 곧이어 어류 개체군에 대한 현장 데이터를 분석하고 보고하는 일도 맡았다. 카슨은 자신의 실력을 유감없이 발휘했고, 허긴스의 모험은 큰 성공을 거두었다.

## 바다 3부작의 출간

카슨은 1937년에 해양생태에 관한 첫 번째 에세이인 「해저(Undersea)」를 작성하여 미국의 유명한 시사월간지인 ≪월간 애틀랜틱(Atlantic Monthly)≫에 실었다. 그 글을 읽은 한 출판사 편집인은 카슨에게 그것을 책으로 확장하여 발간할 것을 권유했고, 그 결과 1941년에는 『바닷바람 아래서(Under the Sea Wind)』가 출판되었다. 비평가들의 찬사에도 불구하고 카슨의 첫 번째 책은 많이 팔리지는 않았다. 출판된 지 6년 동안 1,600부 정도가 판매되었던 것이다.

1940년에는 미국 정부의 수산국과 생물조사국이 통합되어 수산야생동물청(Fish and Wildlife Service)으로 개편되었다. 카슨은 어류와 야생동물의 보호에 필요한 현장 실사를 담당하면서 이에 관한 홍보 업무도 맡았다. 그녀의 동료에 의하면, "카슨은 정부 기관의 관료적인 절차와 편집 관행에 감각과 흥미를 불어넣는 기막힌 재주를 가지고 있었다." 제2차 세계대전 후에 그녀는 미국의 수렵 금지 지대에 대한 12권의 안내 책자를 쓰고 편집했는데, 그것은 "정부 간행물의 새로운 표준"으로 평가받았다.

가족들의 생계를 담당해야 했던 카슨은 퇴근 후의 시간과 휴가 기간에도 글을 써서 돈벌이를 해야 했다. 1951년에 그녀는 여러 잡지에 연재한 글들을 보완하여 두 번째 책인 『우리를 둘러싼 바다(The Sea Around Us)』를 출간했다. 이 책은 무려 86주 동안이나 베스트셀러 목록에 올랐고, 미국에서만 100만 부 이상이 판매되었다. 1952년에는 ≪뉴욕 타임스≫가 선정하는 전국 도서 상(National Book Award)을 수상했으며, 나중에는 32개 언어로 번역되었다. 카슨은 유명한 사람이 되었고 팬레터도 쏟아졌다. 그녀는 『우리를 둘러싼 바다』에 대한 성공을 바탕으로 『바닷바람 아래서』를 다시 출간하여 큰 성공을 거두기도 했다.

그러나 카슨은 독창적인 작품을 내지 못하는 신세를 늘 한탄했다. "나에게 이상적인 환경을 선택할 수 있는 기회가 주어진다면 나는 서슴지 않고 전문 작가의 길을 택하겠다." 드디어 카슨에게도 기회가 왔다. 구겐하임 재단으로부터 1년간의 지원금을 받았던 것

생태학적 개념으로 접근한 『바다의 가장자리』

이다. 그녀는 1952년에 직장을 그만두고 전업 작가의 길로 들어섰다. 메인 주 웨스트사우스포트의 해변에 오두막집을 지어 집필에 몰두했다. 거기서 카슨은 9살 위인 도로시 프리먼(Dorothy M. Freeman)을 만났고, 두 사람은 평생 친구로 지냈다.

카슨은 1955년에 『바다의 가장자리(The Edge of the Sea)』를 출판하면서 이전에 소홀히 했던 바닷가 생물의 자연사를 다루었다. 그녀는 바다를 감상의 차원이 아니라 삶의 차원에서 접근했으며, "생태학적 개념이 책 전체를 지배할 것이다."고 밝혔다. 항상 자연을 자신의 생활 속에서 느끼고 연구해 온 카슨은 생태학을 매우 자연스럽게 받아들였다. 『바다의 가장자리』로 카슨은 이전보다 훨씬 많은 상을 받았고 '대중을 위한 과학자'라는 별명도 얻게 되었다.

1956년에는 어머니와 조카가 함께 앓아눕는 바람에 카슨은 더욱 바빠졌다. 어머니의 건강은 곧 회복되었지만 조카는 5살짜리

아들을 남긴 채 1957년에 세상을 떠나고 말았다. 카슨은 고아가 되어버린 로저 크리스티(Roger Christie)를 입양했고, 메릴랜드 주 실버스프링에 보금자리를 마련하여 어머니를 모시고 로저를 키웠다. 카슨은 로저와 많은 시간을 함께하면서 어린 시절이 아니면 감수성과 상상력이 발달할 수 있는 기회가 제약된다는 점을 실감했다. 이때 그녀는「당신의 자녀가 놀라도록 도와주시오」라는 글을 썼는데, 그것은 카슨이 사망한 후에『경이의 감각』으로 출간되었다.

## DDT의 빛과 그림자

카슨은 수산야생동물청에서 근무하던 중에 DDT(dichloro-diphenyl-trichloroethane)에 관한 글을 읽고 살충제의 남용을 염려한 바 있었다. 1945년 7월에 카슨은 ≪리더스 다이제스트≫에 DDT와 같은 살충제의 남용될 때 생길 수 있는 위험성에 대한 글을 쓰려고 시도했다. 그러나 그녀의 제안은 잡지사에 의해 보기 좋게 거절당하고 말았다. 잡지사는 카슨의 글을 실으면 DDT와 같은 살충제를 생산하는 기업들의 광고가 끊길 것을 염려했던 것이다.

DDT는 스위스의 화학자 뮐러(Paul Müller)에 의해 개발되었다. 그는 1935년에 이상적인 살충제의 조건을 다음과 같이 정리했다. 첫째, 곤충에게는 독이 되지만 온혈동물이나 식물에게는 무해해야 하고, 둘째, 빨리 작용해야 하며, 셋째, 자극적인 냄새가 나서는 안 되고, 넷째, 가격이 저렴해야 한다. 다섯째, 되도록 많은 종류의 곤충에게 효과가 있어야 하고, 여섯째, 한번 뿌리면 오랫동안 작용할 수 있도록 화학적으로 안정되어야 한다. 이중에서 앞의 네 조건은 이전부터 알려져 있었으며, 뒤의 두 조건은 뮐러가 추가한 것이었다. 뮐러는 4년 동안 350가지의 화합물을 합성해 꾸준한 실험을 전개했고, 결국 1939년 겨울에 자신이 찾던 이상적인 살충제로 DDT를 선택했다.

DDT는 1942년부터 시판된 후 불티나게 팔려 나갔다. 특히 제2차 세계대전 때에는 많은 전쟁이 열대지방에서 벌어짐에 따라 질병을 옮기는 곤충을 없애는 문제가 중차대한 관심사로 떠올랐다. DDT는 매우 뛰어난 효과를 보였고, 인간을 비롯한 고등생물에게는 아무런 피해를 주지 않는 것처럼 보였다. 제2차 세계대전이 끝난 후에 DDT는 말라리아를 퇴치하는 공중보건의 용도로 각광을 받았다. 농부들은 농업생산성의 향상을 위해, 주부들은 집안의 위생을 위해 해충을 박멸하기 위한 '전투'에 가담했다. DDT는 '기적의 살충제'로 간주되었고, 뮐러는 1948년에 노벨 생리의학상을 수상했다.

그러나 DDT의 영광은 오래가지 않았다. DDT가 마구 사용되면서 곤충들이 점차 DDT에 내성(耐性)을 가지는 현상이 발생했다. 이에 따라 DDT보다 독성이 몇 십 배나 강한 알드린, 디엘드린, 클로르데인, 헵타클로르, 파라티온, 말라티온 등과 같은 살충제들이 잇달아 개발되었다. 살충제의 사용이 곤충의 내성을 생기게 하고, 그 곤충을 죽이기 위해 더욱 강력한 살충제를 개발하는 악순환이 시작되었던 것이다.

뮐러가 이상적인 살충제의 조건으로 추가한 두 가지 사항도

도마에 올랐다. 그는 이상적인 살충제가 많은 종류의 곤충에게 효과가 있어야 한다고 했는데, DDT가 해충은 물론 그 천적마저 죽여 버림으로써 살충제 살포를 중단한 후에는 오히려 해충이 창궐하는 상황이 발생했다. 또한 뮐러는 이상적인 살충제가 화학적으로 안정되어 오랫동안 작용할 수 있어야 한다고 했지만, 그것은 DDT가 곤충 이외의 다른 야생동물에게도 해를 끼치는 결과를 유발했다. 이러한 점은 생물증폭(biological magnification) 현상과 직결되어 있다. 분해가 잘 되지 않는 오염물질이 생물체 내로 들어올 경우에는 먹이사슬(food chains)을 거치면서 그 양이 점점 축적되는 것이다.

급기야 1950년대 말 미국에서는 살충제의 공중 살포와 관련된 몇몇 사건이 발생했다. 1957~1958년에 농무부는 남부 미국에서 서식하고 있던 남아메리카 불개미를 없애기 위하여 살충제를 쓰려고 했다. 불개미는 인간에게 그다지 큰 피해도 주지 않았고, 경제적 활동을 크게 방해한 것도 아니었다. 하지만 미국 농무부는 DDT보다 독성이 40배나 강한 디엘드린을 무차별적으로 살포했다. 몇몇 생물학자들은 살충제가 살포된 지역에서 몸집이 큰 야생동물들이 피해를 입었다고 보고했다. 농무부는 이러한 의견을 받아들이지 않았지만, 환경보호론자들은 살충제 살포 계획을 당장 그만두라고 강하게 요구했다.

또한 1957년 여름에는 매사추세츠 주정부가 '모기 통제 프로그램(mosquito control program)'을 내걸고 북부 해안 지역의 모기를 없애기 위해 DDT를 대량으로 뿌렸다. 이 살충제는 바람을 타고 인근 마을로 퍼져 나갔다. 유감스럽게도 DDT로 인해서 모기는 박멸되지

모기 통제 프로그램의 일환으로 DDT를 살포하는 광경

않았고, 새, 방아깨비, 벌과 같은 해로움이 없는 동물들이 마구 죽어나갔다. 카슨의 오랜 친구이자 조류학자인 허킨스(Olga O. Huckins)는 주정부에 항의했지만, DDT는 인간에게 살포해도 피해가 없을 정도로 아주 안전하다는 답변이 돌아왔다. 이러한 주장을 믿을 수 없었던 허킨스는 1958년 1월에 자신이 조사한 사항을 편지에 자세히 적어 카슨에게 보냈다. ≪보스턴 헤럴드≫에도 실린 이 글은 조용히 걱정하고 있던 카슨을 행동으로 이끌었다. "내가 무엇을 해야 할지 알게 되었습니다. 계속 침묵한다면 나에게 미래의 평화 같은 것은 없을 듯합니다."

## 살충제 남용을 고발하다

카슨은 해양생물에 대한 다른 책을 집필할 계획을 가지고 있었지만, 그것을 미련 없이 포기했다. 그녀는 4년 동안 미국의 전 지역을 돌아다니며 자료를 수집하고 피해자들과 과학자들의 의견을 수집했다. 카슨의 연구 결과는 1962년 9월 27일에 『침묵의 봄』으로 발간되었다. 그것은 참고문헌에만 55페이지가 할애될 정도로 꼼꼼한 조사를 거친 역작이었다.

이에 앞선 6월 16일에는 『침묵의 봄』의 요약본이 ≪뉴요커≫에 연재되었다. 몇몇 환경단체들과 과학자들은 카슨의 글을 열렬히 환호했다. 케네디 대통령도 카슨의 용감한 행동에 관심을 보였다. 같은 해 7월에 그는 와이즈너(Jerome Weisner)에게 대통령 과학자문위원회에 특별팀을 구성하여 살충제의 사용 실태를 조사하라고 지시했다. 곧이어 케네디는 8월 29일의 기자회견을 통해 카슨이 지적한 문제점에 대해 철저히 조사할 것을 다짐했다. 카슨의 경고에 대한 대통령의 관심으로 『침묵의 봄』은 더욱 큰 영향력을 가지게 되었다.

그러나 카슨이 살충제의 좋지 않은 측면만을 과도하게 부각시켰다는 비판도 잇따랐다. 농무부의 관료들은 카슨의 공격에 대해 분개했으며, 어떤 사람은 "카슨이 아마 공산주의자일 것"이라고 말하기도 했다. 살충제를 생산하는 기업체들도 카슨의 주장이 아직 검증되지 않은 편파적인 것이라고 맹렬히 비난했는데, 벨시콜(Velsicol)사는 만약 카슨의 책을 출판할 경우에 명예 훼손으로 고소하겠다는 내용의 편지를 출판사로 보냈다. 몇몇 과학자들은 석사학위밖에 없는 카슨이 자신들도 아직 완전히 합의하지 못한 내용을 가지고 일반인을 대상으로 선전하는 것을 못마땅하게 여겼다. 이러한 논란을 반영하듯, 당시의 ≪뉴욕 타임스≫는 「이제 '침묵의 봄'은 시끄러운 여름이 되어 버렸다」는 머리기사를 싣기도 했다.

'Silent Spring' Is Now Noisy Summer

*Pesticides Industry Up in Arms Over a New Book*

By JOHN M. LEE

The $300,000,000 pesticides industry has been highly irritated by a quiet woman author whose previous works on science have been praised for the beauty and precision of the writing.

The author is Rachel Carson, whose "The Sea Around Us" and "The Edge of the Sea" were best sellers in 1951 and 1955. Miss Carson, trained as a marine biologist, wrote gracefully of sea and shore life.

In her latest work, however, Miss Carson is not so gentle.

*Rachel Carson Stirs Conflict—Producers Are Crying 'Foul'*

fending the use of their products. Meetings have been held in Washington and New York. Statements are being drafted and counter-attacks plotted.

A drowsy midsummer has suddenly been enlivened by the greatest uproar in the pesticides industry since the cranberry scare of 1959.

Miss Carson's new book is entitled "Silent Spring." The title is derived from an idealized situation in which Miss Carson envisions an imaginary town where chemical pollution has silenced "the voices of spring."

『침묵의 봄』 덕분에 "시끄러운 여름"이 되었다는 ≪뉴욕타임스≫의 기사

## 『침묵의 봄』에 나타난 카슨의 견해

카슨은 『침묵의 봄』의 1장인 「내일을 위한 우화」에서 다음과 같이 썼다. "옛날 한 때 미국의 어느 산간지방에 생명력을 지닌 모든 사물들이 주변 환경과 조화를 잘 이루며 살아가는 마을이 있었다. … 그런데 웬일인지 원인을 알 수 없는 불길한 그림자가 이 마을을 덮으면서 모든 것이 변하기 시작했다. … 이 마을은 어떤 사악한 마법에 걸린 것 같았다. 병아리 떼가 원인 모를 병에 걸렸고, 소나 양들이 죽어갔다. 사방이 죽음의 장막으로 덮여졌다. … 그리하여 자연은 소름이 끼칠 정도로 이상하리만큼 조용해졌다. 그처럼 즐겁게 재잘거리며 날던 새들은 다 어디로 갔는가? … 봄은 왔는데 침묵만이 감돌았다. … 이처럼 참혹하게 찌들어진 세계, 새로운 생명이 탄생하는 소리를 들을 수 없게 된 침묵의 세계는 어떤 마법의 장난도 아니고 적의 침입 때문도 아니며 바로 인간들 자신이 그렇게 만든 것이다. … 미국이 수없이 넓은 땅에서 살아 움직이는 봄의 소리

를 침묵시킨 것은 무엇일까? 그 이유를 파헤쳐 설명하는 것이 이 책의 목적이다."

『침묵의 봄』은 카슨의 고발정신, 과학적 지식, 문학적 재주가 한데 어우러진 작품이다. 그녀는 느릅나무에게 피해를 주는 해충을 잡으려고 뿌려진 DDT가 먹이사슬을 통해 어떻게 종달새 소리를 들을 수 없는 침묵의 봄을 가져왔는가를 생생하게 묘사했다. 느릅나무에 뿌려진 DDT는 여러 곤충과 거미를 죽였다. 그 과정에서 DDT는 나뭇잎에 붙어 버렸고 가을에 떨어진 썩은 이파리를 지렁이가 먹었다. 그 중에서 살아남은 지렁이는 겨울을 넘기고 봄에 날라 온 종달새에게 먹혔다. 그 결과 DDT가 뿌려진 후 2년 만에 400마리에 달했던 종달새가 20마리로 줄어든 지역도 있었다. 이처럼 DDT는 생태계의 먹이사슬을 따라 생산자, 1차 소비자, 2차 소비자, 최종 소비자의 순으로 이동하며, 뒤로 갈수록 축적된 오염물질의 농도가 높아져 심한 경우에는 생명을 잃기도 하는 것이다.

1962년에 발간된 『침묵의 봄』의 초판. 『침묵의 봄』은 초록색 표지를 가지고 있어서 '그린 북(green book)'으로 불리기도 했다.

『침묵의 봄』에 나타난 카슨의 견해 중에서 주목할 만한 사항으로는 다음의 세 가지를 들 수 있다. 우선, 카슨은 살충제가 원자폭탄에 못지않은 파괴력을 가진다고 지적했다. 원자폭탄은 생명의 존엄성을 위협하는 한 가지 사례에 불과하며, 분해되지 않는 새로운 살충제가 보다 교묘하게 생명을 파괴한다는 것이었다. “핵전쟁에 의해 인류가 완전히 멸망할 가능성도 있지만, 현대 사회에는 그와 마찬가지로 시급한 또 다른 문제가 있다. 우리가 믿기 어려울 정도로, 인간의 생존 환경은 각종 해로운 물질에 의해 전면적으로 오염되고 있다. 그러한 물질은 동물과 식물의 조직 속에 축적되고 생식세포에까지 침투하여 자손의 형질을 좌우하는 유전물질까지도 파괴하거나 변화시킨다.”

두 번째 사항은 앞서 언급했던 불개미 박멸 계획과 관련되어 있다. 카슨은 불개미 박멸 계획을 강력히 비판했지만, 해로운 곤충을 없애는 것 자체를 반대하지는 않았다. 그녀는 해로운 곤충을 조절할 경우에 거미와 같이 다른 해충을 잡아먹는 이로운 천적을 이용하는 방법을 활용할 것을 제안했다. 독성이 강한 살충제를 무분별하게 살포하는 대신에 안전성이 높은 생물학적인 방법을 써야 한다는 것이다.

세 번째는 산업화와 자연에 대한 카슨의 철학적 입장을 들 수 있다. 책을 준비하면서 카슨은 점점 DDT와 같은 독성 물질의 문제가 무분별한 산업화와 연결되어 있다는 점을 깨닫게 되었다. 그녀는 산업 사회가 자연으로부터 많은 이득을 얻고 있지만 책임을 지지는 않는다고 말했다. 이와 관련하여 카슨은 산업화를 남성에, 자연을 여성에 비유했다. 인간에게 생존을 허락해 준 자연은 고향의 어머니와 같은 분인데, 자식이 어머니의 품을 벗어나 오히려 어머니를 학대하고 있다는 것이었다.

## 방송과 청문회의 스타

『침묵의 봄』은 출판되자마자 미국 전역을 떠들썩하게 했다. 정부의 살충제 살포 계획에 대한 항의 편지가 쇄도했고 많은 사람이 환경단체에 회원으로 가입했다. 『침묵의 봄』은 1962년 12월까지 10만 부가 넘게 팔렸으며, 1963년 1월에 50만 부를 돌파하면서 베스트셀러 1위에 올랐다. 카슨의 『침묵의 봄』은 1776년에 발간된 페인(Thomas Paine)의 『상식』, 1852년에 발간된 스토(Harriet Beecher Stowe)의 『톰 아저씨의 오두막』에 비견되고 있다.

1962년 가을에는 컬럼비아방송사(Columbia Broadcasting System, CBS)가 돌아오는 봄에 카슨의 책에 대한 특별 프로그램을 방영할 것이라고 발표했다. 그러자 그 계획을 철회하도록 협박하는 정체불명의 편지가 CBS로 날아오는가 하면, 마지막 순간에는 몇몇 후원기업이 빠져나가기도 했다. 심지어 몬산토(Monsanto) 사는 카슨의 「내일을 위한 우화」를 패러디한 『황량한 시대(The Desolate Year)』라는 소책자를 만들어 살충제가 없어지면 해충이 들끓어 기아와 질병이 창궐할 것이라고 주장했다. 우여곡절 끝에 CBS는 1963년 4월 3일의 황금시간대에 〈레이첼 카슨의 침묵의 봄〉을 방영했다.

카슨의 CBS 인터뷰(1963년)

카슨은 어떤 질문에도 막힘없이 답변을 했으며 해박한 지식으로 소상한 설명을 제공했다. 부드럽지만 확신에 찬 그녀의 태도는 시청자들을 감동시키기에 충분했다. 카슨은 다음과 같은 말로 자신의 입장을 마무리했다. "우리 인류는 역사상 유례가 없는 심각한 국면에 처해 있습니다. 우리가 이겨내야 할 대상은 자연이 아니라 우리 자신입니다. … 보다 성숙한 눈으로 자연을 바라볼 수 있도록 우리 자신의 문제를 깨달아야 합니다. … 인간과 자연, 둘 중 어느 한 쪽이 다른 쪽을 정복하거나 지배할 수 있는 게 아닙니다. 인간은 엄청난 우주의 아주 작은 일부에 지나지 않습니다. 자연에 대한 잘못된 이해, 이는 우리 세대에서 반드시 해결해야 할 과제입니다."

방송이 나간 다음 날에 리비코프(Abraham Ribicoff) 상원의원은 연방 정부의 살충제 통제 계획에 관한 의회의 조사를 시작하겠다고 공언했다. 또한 1963년 5월 15일에는 사람들이 오랫동안 기다려 왔던 대통령 과학자문위원회의 보고서가 발표되었다. 그 보고서는 살충제 사용의 문제점을 강하게 지적하지는 않았고, 그에 대한 과학적 판단에 있어서도 상당히 조심스러워 했다. 그러나 전체적으로 보아 그 보고서는 분명히 카슨의 견해를 옹호하고 있었다. 그날 발행된 신문 기사는 카슨의 입장이 과학자문위원회의 보고서에 의해 지지되었다고 보도했다.

CBS의 특별 프로그램이 방영되고 과학자문위원회의 보고서가 발표되면서 살충제의 위험성에 관한 논쟁은 카슨 쪽으로 유리하게 기울기 시작했다. 화학업계의 눈치를 보던 언론도 카슨의 편으로 돌아서기 시작했다. 1963년 6월에는 리비코프의 주도로 연방의회 청문회가 시작되었으며, 카슨은 증인으로 초청되어 미국 정부가 보다 종합적인 환경정책을 펴 나갈 것을 요구했다. 1963년 12월에 카슨은 여러 영예를 얻었다. 오듀본 협회(Audubon Society)의 공로상과 미국지리학회의 메달을 받았고, 미국예술문학아카데미(American Academy of Arts and Letters)의 회원으로 위촉되었다.

청문회에서 카슨이 발언하는 광경(1964년)

그러나 카슨의 건강은 점점 나빠졌다. 그녀는 "『침묵의 봄』의 마지막 장을 쓸 때부터 기력이 약해지는 것"을 느꼈으며 "기회가 나면 해변의 오두막집으로 돌아가고 싶다"고 말하곤 했다. 카슨은 1960년에 유방암을 앓으면서 방사능 치료를 받았는데, 1964년에 들어서는 재발의 증세가 나타났다. 급기야 관절염으로 다리를 절기 시작하더니 휠체어에 몸을 의지하게 되었다. 결국 카슨은 1964년 4월 14일에 실버스프링의 자택에서 57세의 열정적인 삶을 마감하고 말았다. 그로부터 5개월 뒤인 9월 3일에 미국 의회는 야생보호법(Wilderness Act)을 제정하여 무절제한 개발로부터 자연을 보호하는 정책을 펴 나가기 시작했다.

카슨은 1963년 가을에 오랜 친구인 도로시에게 다음과 같은 편지를 보냈다. "지난여름 해안에서 참으로 많은 생명과 만나고 헤어졌지요. 계절이 바뀌면서 먼 길을 떠난 그 생명들은 내년이면 다시 돌아올까요? 거대한 생명의 수레바퀴가 돌아가면서 자연의 질서를 따라 새로운 삶이 탄생하고, 모든 생명은 흙으로 돌아가고 … 그건 결코 슬프거나 불행한 일이 아니지요. 아름다운 자연의 이치일 따름이지요. 누군가 먼저 세상을 떠날지라도 우리 사랑은 영원할 것입니다. 우리가 나누었던 아름답고 소중한 추억은 결코 사라지지 않을 것이며, 그 평화는 우리 영혼의 일부가 될 것입니다. 당신을 사랑합니다. 언제나 그리고 영원히."

## 환경정책과 환경운동에 미친 영향

『침묵의 봄』은 환경정책과 환경운동을 태동시킨 기폭제로 작용했다. 1969년 1월에는 국가환경정책법이 미국 의회를 통과하여 살충제, 제초제, 살균제 등이 야생동물에게 미치는 영향을 지속적으로 조사하기 위한 체제가 갖추어졌다. 이어 1970년 12월에는 환경문제를 전담하는 연방기구로 환경보호청(Environmental Protection Agency, EPA)이 설립되었다. 미국 정부는 1972년에 DDT 사용에 대한 금지 처분을 내렸고, 1975년에는 분해가 잘 되지 않는 농약의 사용을 금지했으며, 1976년에는 독성물질통제법을 제정했다.

이에 앞서 1970년 4월 22일에는 제1회 지구의 날 행사가 개최되었는데, 여기에는 미국 역사상 최대 규모인 2천만 명 정도가 참여했다. 1972년에는 스톡홀름에서 제1회 유엔 환경 회의가 소집되었고, 로마클럽은 『성장의 한계(The Limits to Growth)』라는 보고서를 제출했다. 그 후 환경운동은 다양한 입장과 활동 영역을 가진 수많은 환경운동단체에 의해 전개되었으며, 오존층 파괴, 지구온난화, 산성비, 기상이변 등의 새로운 환경문제가 알려지게 되었다. 이에 대응하여 1992년에 리우데자네이루에서 열린 유엔 환경개발회의는 '지속가능한 발전(sustainable development)'이라는 개념을 제시함으로써 인류가 추구해야 할 목표를 분명히 했다.

카슨은 세상을 떠난 후에도 많은 영예를 받았다. 그녀는 1973년에 국립 여성 명예의 전당에 헌정되었고, 1980년에는 미국의 민간인으로서는 가장 영예로운 상인 자유훈장을 수상했다. 카슨의

환경운동가들은 매년 5월 27일을 '카슨 데이'로 정해 환경오염의 심각성을 널리 알리고 있다. 5월 27일은 카슨의 생일이다.

출생지인 스프링데일은 국가사적지로 등록되었으며, 그녀가 『침묵의 봄』을 집필했던 실버스프링 일대는 국가역사지구로 지정되었다. 피츠버그에는 레이첼 카슨 대교가 설치되었고, 우즈 홀에는 카슨의 동상이 건립되었다. 1994년에는 매사추세츠 주 뉴턴에 '침묵의 봄 연구소'가, 2009년에는 독일의 뮌헨에 '환경과 사회를 위한 레이첼 카슨 연구소'가 출범했다.

카슨의 일생을 돌이켜보면, 과학과 문학이라는 두 분야를 하나로 결합시킨 사람이라는 평가가 가장 잘 어울릴 것이다. 그녀는 수많은 저술을 통해 과학이 인간의 일상생활과 분리된 특수한 분야라는 생각을 바꾸어 놓았다. 카슨은 1952년에 『우리를 둘러싼 바다』로 전국 도서상을 수락하는 연설에서 다음과 같이 말했다.

"많은 사람들은 과학 작품이 대중적으로 크게 팔린 사실에 대해 언급합니다. 그러나 저는 과학이 자신과는 동떨어진 영역에 속한 것이고 일상과는 거리가 먼 것이라는 개념을 바꾸고자 합니다. 우리는 과학의 시대에 살고 있지만, 아직까지 과학을 몇몇 사람들의 특권이라고 생각합니다. 과학자들이 실험실에 고립되어 있거나 성직자처럼 산다는 것입니다. 그러나 이것은 사실이 아닙니다. 과학의 재료는 삶 그 자체의 재료들입니다. 과학은 살아 있는 실재의 일부분입니다. 무엇이, 어떻게, 왜라는 것이 매일 우리의 경험 속에 있습니다. 자신의 환경에 대한 이해 없이, 육체적으로나 정신적으로 자신을 형성하는 힘에 대한 이해 없이 인간을 이해한다는 것은 불가능합니다. 과학의 목적은 진실을 설명하고 발견하는 데 있습니다. 문학의 목적도 이와 같습니다. 과학과 저술은 분리되어 있지 않습니다. … 저의 책에 아름다운 부분이 있다면, 그것은 제가 일부러 집어넣은 것이 아니라 지금까지 아무도 자연 세계를 진실하게 표현하지 못했기 때문입니다."

# 12장

# 앨런 튜링
# Alan Turing

## 컴퓨터와 인공지능에 남긴 족적

정보사회를 대표하는 핵심 기술은 계속해서 진화해 왔다. 컴퓨터에서 시작되어 인터넷을 거쳐 스마트폰으로 이어지고 있으며, 최근에는 인공지능이 부상하고 있다. 이 중에서 컴퓨터와 인공지능의 영역을 한 사람이 개척했다는 것은 매우 흥미로운 일이다. 그 사람은 바로 '영국의 천재 수학자'로 통하는 앨런 튜링(Alan Mathison Turing, 1912~1954)이다. 그는 '현대 컴퓨팅의 아버지' 혹은 '인공지능의 선각자'로 평가될 정도로 탁월한 업적을 남겼지만, 안타깝게도 41세의 젊은 나이에 자살로 생을 마감하고 말았다.

## 괴짜 학생의 낭만적 우정

앨런 튜링은 1912년 6월 23일에 영국 런던에서 태어났다. 아버지는 옥스퍼드 대학에서 역사학을 전공한 후 남인도의 최대 도시인 마드라스(현재 첸나이)에서 고위 공무원으로 활동하고 있었다. 어머니는 앨런을 마드라스에서 임신했고, 런던의 패딩턴에 위치한 조산소에서 낳았다. 1913년 9월에 어머니는 앨런과 그의 형 존을 퇴역 중령 부부에게 맡긴 후 다시 인도로 갔다. 인

16살 때의 앨런 튜링

도의 열악한 환경을 고려하여 아이들을 데리고 가지 않았던 것으로 보인다. 당시 영국의 중상류층은 다른 사람에게 아이를 맡기는 것을 별로 주저하지 않았다고 한다. 아버지의 인도 체류는 길어졌고, 1916년부터는 어머니가 주로 영국에 머물면서 아이들을 키웠다.

앨런은 여섯 살 때 헤이즐허스트(Hazelhurst)라는 사립학교에 들어갔다. 초등학교 시절에 그는 생물학과 수학에 많은 관심을 보였다. 어머니는 앨런이 "어떤 풀잎을 짓이겨서 넣고 다른 성분들도 한데 섞으면서 그 양들을 진지하게 기록했다."고 전한다. 여덟 살 때는 학교에서 제곱근을 배운 뒤 혼자서 세제곱근을 알아냈다고 한다. 앨런이 하키를 하던 중에 스틱을 손에 쥔 채 운동장 한 모서리에 핀 데이지 꽃을 유심히 들여다보았다는 일화도 전해진다. 앨런은 1922년에 『모든 어린이가 알아야 하는 자연의 경이』라는 책에 빠졌는데, 그것은 기계를 비유로 사용하여 생명의 진화를 설명하고 있었다.

앨런은 1926년에 공립기숙학교의 일종인 셔본 고등학교(Sherborne School)에 입학했다. 형은 맬번에서 학교를 다니고 있었는데, 동생이 같은 학교에 오는 것을 반기지 않았다. 존이 "앨런처럼 이상한 아이가 우리 학교에 들어오면 내 생활을 엉망이 될 거에요."라고 하면서 앨런이 다른 학교에 가도록 부모님을 설득했던 것이다. 앨런의 첫 학기는 때마침 터진 총파업과 함께 시작되었다. 총파업으로 기차가 다니지 않자 앨런은 사우샘프턴에서 셔본까지 96km의 길을 자전거로 달렸다. 이 사건은 지역 신문에 보도되었고, 유명세를 치르게 된 앨런은 '괴짜'라는 별명을 얻었다.

셔본 고등학교는 고전 교육을 강조하고 있었지만, 앨런 튜링

튜링이 1946년에 받은 대영제국 4등 훈장으로 셔본 스쿨에 보관되어 있다.

은 계속해서 수학과 과학에 집중하는 모습을 보였다. 한번은 튜링이 그레고리 급수(Gregory's series)를 혼자의 힘으로 알아내어 선생님께 답이 맞는지 여쭤 보았는데, 선생님은 튜링이 도서관에서 베낀 것으로 여겼다고 한다. 튜링에 관한 학교 보고서는 다음과 같이 전한다. "공립학교에 있으려면 교양인이 되는 것에 목표를 두어야 한다. 오로지 과학자가 될 생각이면 공립학교에서는 시간만 허비하는 셈이다."

가까운 친구 하나 없었던 앨런 튜링에게 전환점이 찾아왔다. 튜링이 15살 때 한 살 위인 크리스토퍼 모컴(Christopher Morcom)을 만났던 것이다. 모컴은 거의 모든 과목에서 최고를 달리던 수재였다. 두 사람은 모두 수학과 과학에 관심이 많았다. 그들은 수학적 아이디어를 교환했고, 상대성이론에 대해 토론했으며 화학 실험과 천체 관측도 함께 했다. 튜링은 매일 만나지 않으면 견딜 수 없을 정도로 모컴을 좋아했다. 두 사람은 1929년 12월에 케임브리지 대학의 트리니티 칼리지에 입학하기 위한 시험에 응시했다. 모컴은 합격, 튜링은 불합격이었다. 튜링은 다음 해에 모컴과 합류할 것으로 믿었지만 1930년 2월에 모컴은 갑작스런 결핵으로 세상을 떠나고 말았다.

가까운 친구의 안타까운 죽음으로 튜링은 실의에 빠졌다. 한참 동안 방황한 끝에 튜링은 '크리스토퍼가 살아 있다면 내가 이렇게 살아가는 것을 원하지 않았을 거야'는 생각에 도달했다. 그 후 튜링은 생활 태도를 바꾸고 학교 수업에 정진했다. 그러는 사이에 튜링은 학교에서 인기 있는 사람이 되어 기숙사 학생장까지 맡았다. 그는 「화학반응식에 대한 수학적 응용」이라는 논문으로 '모컴 과학상'을 받았는데, 그 상은 크리스토퍼 모컴의 부모가 기부한 장학금으로 만들어진 것이었다.

튜링은 1932년경에 모컴의 어머니를 위해 「영혼의 본성」이란 글을 썼다. "과학에서는, 만일 어떤 특정한 순간이든 우주에 대해서 모든 것이 알려진다면, 미래가 모두 어떡할지를 우리가 예측할 수 있다고 상정하곤 한다. … 그러나 보다 더 현대적인 과학은 원자들과 전자들을 다룰 때 우리가 그것들의 정확한 상태를 전혀 알 수 없다는 결론에 도달했다. … 우리는 아마도 뇌의 작은 부분에서, 또는 아마도 그것의 모든 주위에서 원자들의 활동을 결정할 수 있는 의지를 지니고 있다. 신체의 나머지 부분은 이것을 증폭시키기 위해 활동한다." 튜링에 관한 묵직한 전기를 집필했던 수학자이자 과학저술가인 호지스(Andrew Hodges)는 이 글이 향후 튜링의 삶을 이해하는 열쇠로 평가한 바 있다.

## 불완전성 정리와 튜링기계

튜링은 다시 케임브리지 대학에 도전하여 1931년 킹스 칼리지에 장학생으로 입학했다. 킹스 칼리지는 케임브리지 대학의 여러 칼리지 중에 가장 인습에 얽매이지 않는 곳이었다. 거기서 튜링은 일류 수학자들의 지도를 바탕으로 자신의 아이디어를 자유롭게 발전시킬 수 있었다. 그는 노이만(John von Neumann)의 양자역학에 관한 문헌들을 섭렵했고, 러셀(Bertrand Russell)의 『수리철학 입문』도 탐독했다. 튜링은 1934년에 우수한 성적으로 대학을 졸업했다. 1935년에는 '중심극한 정리(central limit theorem)'를 증명한 논문 덕분에 킹스 칼리지의 특별연구원(fellow)으로 임용되었다.

1935년 봄에 튜링은 뉴먼(Max Newman)의 수학기초론을 수강했다. 힐베르트(David Hilbert)의 결정가능성에 대한 질문과 괴델(Kurt Gödel)의 불완전성 정리에 관한 강의였다. 힐베르트는 모든 수학적 명제에 대해 그것이 증명 가능한지의 여부를 분명하게 규정된 방식으로 확인할 수 있는 방법을 요구했다. 이에 대해 괴델은 아무런 모순이 없는 공리의 체계 속에서도 참과 거짓을 결정할 수 없는 명제가 존재한다는 점을 증명했다. 튜링은 힐베르트가 요구한 사항을 간단한 기계적 행위를 통해 구현하자고 제안했다. 튜링이 도달한 결론은 괴델과 차이가 없었지만, 튜링은 괴델의 수리적 알고리즘을 '튜링기계(Turing machine)'로 불린 상상 속의 기계로 대신했던 셈이다.

튜링기계는 테이프, 헤드, 상태 기록기(state register), 행동표(action table) 등으로 구성된다. 테이프는 일정한 크기의 셀로 나뉘어 있으며 각 셀에는 기호가 기록된다. 테이프는 무한하게 늘어날 수 있고, 고정된 헤드를 통해 테이프가 이동한다. 헤드는 테이프의 특정한 셀을 읽고 쓰고 지우는 장치에 해당한다. 상태 기록기는 튜링기계가 개시 상태에 있는지 종료 상태에 있는지를 표시한다. 행동표는 어떤 상태에서 특정 기호를 읽었을 때 해야 할 행동을 지시한다. 다소 복잡해 보일 수 있지만 튜링기계는 특정한 작업을 수행할 수 있는 가상의 컴퓨터에 해당한다. 여기서 한 걸음 더 나아가 튜링은 모든 종류의 튜링기계를 흉내 낼 수 있는 보편적 기계를 상상했다. '보편 튜링기계(universal Turing machine)'는 원칙적으로 모든 종류의 계산을 수행할 수 있는데, 그것은 오늘날의 프로그램 내장형 컴퓨터(stored program computer)에 상응한다고 볼 수 있다.

튜링은 1936년 5월에 「결정문제에의 응용을 고려한, 계산 가능한 수에 관하여(On Computable Numbers, with an Application to the Entscheidungsproblem)」라는 논문을 발표했고, 순식간에 세계적인 주

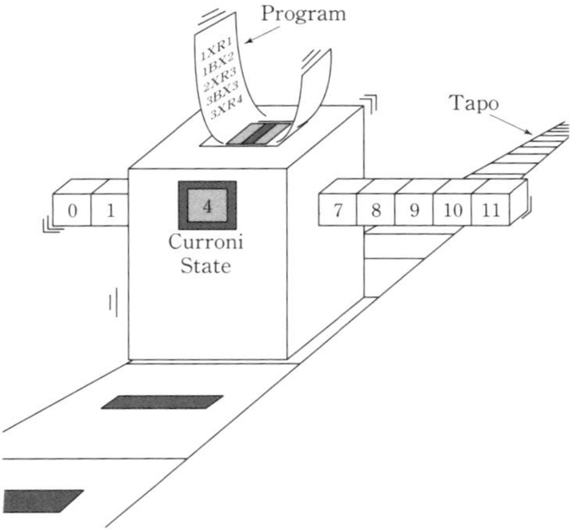


튜링기계에 대한 개요도

목을 받는 수학자로 부상했다. 이에 앞선 1936년 4월에는 미국의 논리학자 처치(Alonzo Church)가 '람다 대수'라는 형식체계를 활용하여 튜링과 동일한 증명을 했지만, 튜링의 접근법이 훨씬 직관적이고 쉬웠다. 람다 대수를 통해 정의할 수 있는 함수는 모두 튜링기계를 통해 간단히 계산할 수 있었던 것이다. 훗날 계산 가능한 함수에 대한 논제는 '처치-튜링 논제(Church-Turing thesis)'로 불리게 되었다.

1936년 9월에 튜링은 처치 교수의 지도하에 프린스턴 대학에서 대학원 생활을 시작했다. 프린스턴에서 튜링은 순수수학뿐만 아니라 암호학을 공부했고, 이진수 곱셈용 전자계전기를 기반으로 한 암호기계를 만들었다. 1938년 6월에 그는 「서수를 기반으로 한 논리 시스템」이라는 논문으로 박사학위를 받았다. 보편 튜링기계로는 풀기 어려운 문제를 다루기 위한 추상적 장치인 '오라클(oracle)'의 개념을 소개한 논문이었다. 그것은 〈뷰티풀 마인드〉의 실제 주인공인 내쉬(John Nash)가 썼던 「비협력 게임」과 함께 프린스턴 대학에서 배출된 최고의 논문으로 꼽힌다. 프린스턴 대학의 노이만 교수는 튜링에게 박사후연구원을 제안했지만 튜링은 영국으로 돌아왔다.

## 암호해독기의 개발에 앞장서다

1939년 9월에 제2차 세계대전이 발발하자 튜링은 블레츨리 파크(Bletchley Park)라는 한적한 시골에 위치한 정부암호학교(Government Code and Cypher School, GC&CS)로 배속되었다. 그곳에서는 독일군의 암호를 풀기 위한 방법을 찾기 위해 '울트라 프로젝트(Ultra Project)'로 불린 극비 작전이 수행되고 있었다. 당시 독일군은 '에니그마(Enigma)'라는 기계를 이용해 암호를 생성했는데, 그것은 그리스어로 수수께끼를 뜻한다.

에니그마는 거대한 타자기처럼 생겼으며, 회전하는 다이얼과 전선으로 연결된 플러그 판으로 구성되어 있었다. 처음에 A를 쳐서 Q가 나오는 경우에 A를 다시 누르면 다이얼 하나가 회전해서 새롭게 생성된 암호가 X로 바뀌는 식으로 작동되었고, 플러그 판을 이용해 기계의 전선 배열을 바꾸면 글자가 한층 더 비틀려 나왔다. 따라서 에니그마를 가지고 있다 해도 다이얼 위치와 내부 배선 상태를 모른다면 암호해독에 전혀 도움이 되지 않았다. 독일의 암호사용자들은 에니그마가 난공불락이라고 믿었다.

그러던 중 프랑스 첩보국이 에니그마의 구조에 관한 문건을 비밀리에 입수했다. 이 문건은 폴란드의 암호전문가 레예브스키(Marian Rejewski)에게 보내졌고, 그는 에니그마의 다이얼 위치를 추

제2차 세계대전 때 독일군의 암호생성기로 사용된 에니그마

정하기 위한 장치로 '봄바(Bomba)'를 개발했다. 1939년 7월에는 레예브스키의 봄바에 관한 자료가 영국으로 전해졌고, 몇 달 뒤에 튜링은 봄바보다 더욱 효과적인 '봄베(Bombe)'를 설계했다.

튜링은 암호를 해독하려면 반복적으로 등장하는 단어를 찾으면 된다는 점에 착안했고, 그 단어가 '하이 히틀러'라는 점을 깨달았다. 이후로 봄베는 에니그마의 해독에서 가장 중요한 초기 값을 빠른 속도로 찾아내는 데 탁월한 능력을 보였다. 2014년에 개봉된 영화 〈이미테이션 게임〉은 튜링의 실화를 바탕으로 독일의 에니그마를 해독하는 과정을 흥미롭게 그려낸 바 있다. 이 영화에서는 봄베가 '크리스토퍼'로 나오는데, 크리스토퍼는 학창 시절에 튜링의 단짝이었던 모컴의 퍼스트 네임이다.

봄베는 케임브리지 출신의 수학자인 웰치먼(Gordon Welchman)에 의해 부분적으로 개선되어 1940년 8월에는 최초의 실용적인 봄베가 블레츨리 파크에 설치되었다. 독일의 표준 에니그마는 3개의 회전자를 한 세트로 사용했던 반면 영국의 암호해독기 봄베는 36세트나 가지고 있었다. 봄베 덕분에 1942년 초에는 매달 3만 9천개의 암호를 해독할 수 있었고, 1943년 가을에는 그 숫자가 8만 4천개를 넘어섰다.

독일 잠수함과 사령부는 에니그마로 통신을 했지만, 독일군과 나치 정권의 최고위층 사이에는 다른 기계가 사용되었다. 블레츨리 파크에서는 이 기계를 '물고기(Fish)'라 불렀다. 뉴먼은 튜링의 도움을 바탕으로 물고기의 암호를 판독할 수 있는 장치인 히스 로빈슨(Heath Robinson)을 만들었다. 그것을 만드는 데 사용된 방법은 '튜링어리(Turingery)'로 불리는데, 블레츨리 파크의 사람들은 '튜링이스무스(Turingismus)'라는 별칭을 붙였다. 튜링의 간단한 이론을 뜻하는 장난스러운 표현이었다.

더 나아가 튜링은 계전기(relay) 대신에 진공관(vacuum tube)을 사용하는 새로운 암호해독기에 도전했다. 진공관은 계전기보다 매우 빠른 속도로 작동하는데, 그 이유는 계전기가 기계적 원리로 작동하는 반면 진공관은 전자식으로 움직이기 때문이다. 계전기를 작동시키려면 전자석이 철편을 끌어당겨 스위치를 넣어야 하지만, 진공관의 경우에는 일단 가열이 되면 전류가 통하는 순간 전자가 방출된다. 당시에 진공관은 아직 초창기에 머물러 있어 군사용 장비에는 거의 사용되지 않았지만, 한시라도 더 빠른 계산 기계가 필요했던 만큼 아직 완전치 않다고 가릴 처지가 못 되었다.

튜링은 1943년 12월에 '콜로서스 마크 1(Colossus Mark 1)'로 불린 암호해독기를 고안했다. 그것은 기존의 봄베보다 5배나 빠른 처리 속도를 보였다. 이어 1944년 6월에는 런던 대학 출신의 전기공학자인 플라워(Tommy Flowers)를 중심으로 콜로서스 마크 2가 제작되었다. 콜로서스 마크 1은 1,500개의 밸브를, 콜로서스 마크 2는 2,400개의 밸브를 가지고 있었다.

콜로서스를 활용함으로써 영국군은 독일군의 암호 중 90% 가량을 해독할 수 있는 수준으로 올라섰다. 노르망디 상륙작전을 지휘했던 아이젠하워 장군은 블레츨리 파크의 암호해독반에서 일한 사람들 덕분에 전쟁을 2년 정도 단축하여 수백만 명의 목숨을 구했다고 평가했다. 이러한 공로를 인정받아 튜링은 1946년에 대영제국

블레츨리 파크에서 사용되었던 암호해독기인 콜로서스 마크 2로 노르망디 상륙작전에 결정적인 역할을 담당했다.

4등 훈장(Order of the British Empire, OBE)을 받았다.

콜로서스는 역사상 최초의 전자식 컴퓨터에 해당하지만, 오랫동안 그 지위를 누렸던 것은 1946년 2월에 미국의 모클리(John W. Mauchly)와 에커트(J. Presper Eckert)가 개발한 에니악(Electronic Numerical Integrator And Calculator, ENIAC)이었다. 왜냐하면 콜로서스의 존재는 울트라 프로젝트에 참여했던 윈터보덤(Frederick Winterbotham) 대위가 1974년에 『울트라 시크릿』이란 책을 내면서 세상에 알려졌기 때문이다. 콜로서스가 알려진 이후에 에니악은 최초의 전자식 컴퓨터가 아니라 최초의 '범용' 전자식 컴퓨터라는 평가를 받았다. 콜로서스의 용도가 암호 해독에 국한되어 있었던 반면, 에니악은 탄도 계산뿐만 아니라 다른 문제에도 활용될 수 있었던 것이다.

울트라 프로젝트에 참여한 인원은 1만 2천 명까지 증가했는데, 여성 과학자들도 상당수 포함되어 있었다. 1940년 여름에는 조안 클라크(Joan Clarke)가 블레츨리 파크에 합류했는데, 그녀는 튜링과 매우 가깝게 지냈다. 1년 뒤에 튜링은 조안에게 청혼하여 승낙을 받았다. 그러나 자신이 동성애자라는 사실을 깨닫게 된 튜링은 조안에게 청혼을 취소한다고 통보했다.

## 프로그램 내장형 컴퓨터의 구상

제2차 세계대전이 종료되자 튜링은 런던에 위치한 국립물리연구소(National Physical Laboratory, NPL)로 자리를 옮겼다. 거기서 그는 자동계산기관(Automatic Computing Engine, ACE)으로 번역될 수 있는 '에이스'를 설계하는 작업을 추진했다. 에이스는 '튜링이스무스'라는 암호해독방법을 구현하기 위해 설계된 프로그램 내장형 컴퓨터에 해당한다. 튜링은 1945년 12월에 국립물리연구소에 『에이스 보고서』를 제출했고, 1946년 2월에는 런던 수학회에서 이 보고서에 대해 강연했다.

그러나 『에이스 보고서』는 공식적으로 발간되지 않았으며 제대로 된 평가를 받지도 못했다. 가장 직접적인 이유로는 1945년 6월에 노이만이 『에드박(Electronic Discrete Variable Automatic Computer, EDVAC)에 관한 보고서 1차 초안』을 발표했다는 점을 들 수 있다. 공식적인 출판의 시점으로 보면 노이만이 튜링보다 빨랐던 것이다. 게

다가 튜링이『에이스 보고서』에서 노이만의 보고서를 거론했다는 점도 도마에 올랐다.

이에 따라 프로그램 내장형 컴퓨터에 대한 최초의 아이디어는 노이만에서 비롯된 것으로 간주되고 있지만, 튜링의 추종자들은 그 기원을 1936년에 튜링이 상상했던 '보편 튜링기계'로 소급하고 있다. 게다가『에드박에 관한 보고서 1차 초안』은 "초고이고 미완성이고 불완전한" 반면『에이스 보고서』는 "컴퓨터에 대한 완벽한 서술이고, 논리적 회로도에 근거하고 있으며, 11,200 파운드의 비용까지 예상하고" 있었다는 평가도 있다.

프로그램 내장형 컴퓨터를 실현하는 데 필요한 가장 중요한 공학적 문제는 컴퓨터의 기억장치에 있었다. 때마침 맨체스터 대학의 엔지니어 윌리엄스(Erederic Williams)가 일반 음극선관을 컴퓨터 기억장치에 효과적으로 사용할 수 있다는 점을 알아냈다. 그의 주도로 1948년 6월에는 맨체스터 베이비(Manchester Baby)가, 1949년 4월에는 맨체스터 마크 1(Manchester Mark 1)이 제작되었다. 이어 1949년 6월에는 케임브리지 대학의 윌크스(Maurice Wilkes) 연구팀이 노이만의 아이디어를 바탕으로 에드삭(Electronic Delay Storage Automatic Calculator, EDSAC)을 만드는 데 성공했다.

1947년 말에 튜링은 휴식기를 갖기 위해 케임브리지로 갔다. 거기서 그는『지능적인 기계(Intelligent Machinery)』라는 보고서를 작성했다. 그 보고서는 1948년에 튜링이 국립물리연구소에 제출하는 형식을 띠고 있었으며, 인공지능에 대한 첫 번째 선언문으로 평가되고 있다. 보고서의 주요 내용은 1950년에「계산 기계와 지능(Computing Machinery and Intelligence)」이란 논문으로 발표되었는데, 그것은 인공지능과 관련하여 가장 많이 인용되는 논문에 해당한다.

튜링은 『지능적인 기계』에서 다음과 같이 썼다. "생각하는 기계를 만들 수 있다고 확실히 믿는 이유는 사람의 어떤 부위에 대해서든 흉내 내는 기계를 만들 수 있다는 사실 때문이다. … 여기서 우리의 주 관심사는 신경계다. … 전자계산 기계에 쓰이는 전기회로는 신경의 본질적 속성을 가진 듯하다. 전기회로는 정보를 이곳에서 저곳으로 전송할 수 있으며 저장할 수도 있다. … 신경은 매우 작고 닳지 않으며 에너지 소비량이 매우 적다. … 전기회로가 내세울 수 있는 유일한 매력은 속도인데, 이 이점이 하도 커서 신경의 이점을 덮고도 남을 것이다. … [생각하는 기계를 만들기 위해] '뇌'로 무엇을 할 수 있는지 탐구할 것을 제안한다. 그러면 기계가 자신의 능력을 발휘하기에 알맞은 생각 분야가 무엇이냐는 문제가 제기된다. 내가 보기에는 체스와 포커 같은 게임, 언어 학습, 언어 번역, 암호학, 수학 등이 유망하다."

튜링은 1948년 6월에 국립물리학연구소로 돌아가지 않고 맨체스터 대학으로 향했다. 그 대학에 먼저 자리를 잡은 뉴먼이 튜링을 초빙했던 것이다. 튜링은 수학과의 초빙교수로 부임했으며, 1년 뒤에는 컴퓨팅기계연구소의 부소장에 임명되었다. 그러나 윌리엄스는 컴퓨터 제작에 수학자가 필요하지 않다고 생각하면서 튜링을 핵심적인 업무에서 배제하는 행보를 보였다. 튜링은 『에이스 보고서』에 이어 맨체스터 컴퓨터에서도 충분한 지원을 받지 못하자 커다란 좌절감을 느꼈다. 이를 극복하기 위해 그는 마라톤에 취미를 붙였

마라톤 대회에 참가한 튜링(1948년)

고, 풀코스를 2시간 46분 3초에 주파하기도 했다. 거의 국가대표 급에 해당하는 엄청난 기록이었다.

## 기계가 생각할 수 있을까?

튜링은 1950년에 「계산 기계와 지능」을 철학 잡지인 ≪마인드≫에 출판했다. 이 논문은 '기계가 생각할 수 있을까?(Can machine think?)'라는 대담한 질문으로 시작된다. 튜링은 자신이 고안한 테스트를 통과하면 기계가 생각하는 것으로 간주할 수 있다고 주장했다. 오늘날 '튜링 테스트(Turing test)'로 불리는 유명한 실험은 흔히 다음과 같이 요약된다. 서로 보이지 않는 방 세 개에 인간 두 명과 컴퓨터 한 대가 있다. 인간 두 명 중 한 명이 심판관을 맡는다. 심판관이 텔렉스로 다른 두 방에 질문을 보내고 답변을 받는다. 이때 심판관이 인간이 보낸 것과 컴퓨터가 보낸 것을 가려내지 못하거나, 컴퓨터를 인간으로 간주하는 상황이 벌어지면 컴퓨터가 지능을 가진다고 볼 수 있다.

이처럼 튜링은 1948년 보고서와 1950년 논문을 통해 '인공지능(artificial intelligence, AI)'의 가능성에 대해 주목했다. 그는 '생각'이라는 기준에서 보면 인간과 기계의 경계가 불분명해진다고 설파했으며, 20세기 이내에 튜링 테스트를 통과하는 인공지능이 등장할 것으로 내다봤다. 아직 컴퓨터가 여명기에 불과했던 시기에 튜링은 인공지능을 중요한 화두로 꺼냈던 셈이다. 영화 〈이미테이션〉 후반부에는 튜링이 "기계가 생각할 수 있는가?"라는 질문에 "[생각은 할 수 있지만] 인간과는 다른 논리구조로 생각한다."고 답하는 장면이 나온다.

인공지능이란 용어를 처음 사용한 사람은 미국의 수학자 존 매카시(John McCarthy)였다. 그는 1955년에 사람처럼 생각하는 컴퓨터에 '인공지능'이란 이름을 붙인 후 이에 관한 워크숍을 개최하기 위해 록펠러 재단에 제안서를 제출했다. 그 결과 1956년 7월에는 다트머스 대학에서 세계 최초의 인공지능 회의가 개최되었다. 그 회의에 참석한 사람은 매카시, 민스키(Marvin Minsky), 사이먼(Herbert Simon), 뉴얼(Allen Newell), 섀넌(Claude Shannon)을 포함한 20명에 불과했다. 다트머스 대학은 2006년에 다트머스 회의 50주년을 기념하는 동판을 설치했는데, 거기에는 "이 자리에서 최초의 인공지능 워크숍이 열렸다."는 글귀가 담겨져 있다.

1956년에 다트머스 회의에 참석한 사람들로 이 중 4명이 훗날 '튜링상(Turing Award)'을 수상했다.

튜링 테스트에 관한 중요한 반론으로는 미국의 언어철학자 설(John Searle)이 1984년에 제안한 '중국어 방 논증(Chinese room argument)'을 들 수 있다. 중국어를 전혀 모르는 사람이 어떤 방 안에 있다. 그 방에는 펜과 종이, 그리고 중국어 질문과 그에 대한 대답 목록에 준비되어 있으며, 종이만 주고받을 수 있을 정도의 작은 구멍이 나 있다. 방 밖의 중국인이 중국어로 질문을 써서 구멍을 통해 방 안으로 넣으면 방 안의 사람은 미리 준비된 질문과 대답 목록을 보고 답변서를 작성하여 방 밖으로 보낸다. 방 안에 누가 있는지 모르는 중국인의 입장에서는 방 안의 사람이 중국어를 잘 하는 것처럼 보인다. 그러나 방 안에 있는 사람은 실제로는 중국어를 전혀 모르며, 중국어 질문의 의미를 이해하지 않은 상태에서 주어진 목록에 따라 답변할 뿐이다. 이로부터 중국어로 답변을 완벽히 해도 방 안의 사람이 진짜로 중국어를 이해하는지 판정할 수 없다는 결론을 얻을 수 있다. 이와 마찬가지로 질문에 대한 답변을 수행할 수 있는 기계가 있어도 튜링 테스트로는 그 기계가 지능을 가졌는지를 판정할 수 없다.

튜링이 인공지능에 대해 불편한 감정을 거론했다는 점도 주목할 만하다. 그는 1951년 5월에 있었던 BBC 라디오 강연에서 다음과 같이 말했다. "기계가 생각할 수 있다면, 우리보다 더 지적으로 생각할지도 모르는데, 그러면 우리는 어떤 위치에 놓일까요? 설령 기계가 우리에게 계속 복종하도록 만들 수 있다고 해도, 이를테면 전략적으로 중요한 순간에 전원을 끔으로써 그럴 수 있다고 해도, 종으로서 우리는 몹시 굴욕적인 느낌을 받을 겁니다. 이 새로운 위험은 분명히 우리를 불안하게 만들 수 있는 것이지요."

## 동성애자의 암울한 최후

튜링은 1951년 3월에 왕립학회의 회원으로 선출되었다. 그 무렵에 튜링의 관심사는 수리생물학으로 넘어갔다. 그는 똑같은 세포들의 조합으로 시작한 생명체들이 어찌하여 다양한 형태들로 발전하는지에 대한 답을 추구했다. 튜링의 연구 결과는 「형태발생의 화학적 기반」이라는 논문으로 완성되어 1952년 8월에 왕립학회가 발간하는 ≪철학회보≫에 실렸다.

이 논문에서 튜링은 생물학적 시스템에서 규칙적으로 반복되는 무늬는 활성제와 억제제가 함께 작용하는 '행태발생 인자(morphogen)'에 의해 생성된다고 주장했다. 형태발생의 문제를 수학적으로 규명하기 위해서는 엄청난 계산이 필요했는데, 당시에는 강력한 컴퓨터가 없었기 때문에 튜링은 복잡한 미분방정식을 일일이 풀어야 했다. 튜링의 1952년 논문은 수리생물학을 개척한 기념비적인 작품으로 간주되고 있다.

이에 앞선 1951년 12월에 튜링은 39세의 나이로 20살 연하인 아놀드 머리(Arnold Murray)와 동성애 관계를 가졌다. 머리는 가난한 노동자 집안 출신의 매우 쾌활한 청년이었고, 튜링을 만났을 때는 좀도둑질 혐의로 집행유예를 받고 있었다. 튜링은 머리를 자신의 집으로 초대해 함께 밤을 보냈다. 그런데 머리는 튜링의 집에서 몇 가지 물건을 훔쳐갔고, 튜링은 순진하게 그것을 경찰에 신고하고 말았다. 경찰은 범인을 잡아 조사했으며, 그 과정에서 튜링이 동성애자라는 사실이 알려지게 되었다.

튜링과 머리의 동성애는 당시로서는 추잡한 외설 행위로서 징역 2년까지 처벌을 받을 수 있었다. 사건을 맡은 판사는 튜링이 성욕을 억제하기 위해 1년 동안 호르몬 주사 치료를 받는 데 동의한다면 감옥행을 면해 주겠다고 제안했다. 튜링은 징역 대신에 화학적 거세를 선택했다. 그는 자신의 성(性)정체성이 낱낱이 까발려지는 것에 크게 좌절했으며, 가슴이 부풀어 오르는 것에 대한 괴로운 심정을 친구에게 토로하기도 했다.

이러한 고초를 겪으면서 튜링은 심각한 충격을 받게 되었고,

1954년 6월 7일에 자살로 생을 마감하고 말았다. 자살 현장에는 반쯤 먹다 남은 사과가 놓여 있었는데, 사인은 청산가리 중독으로 밝혀졌다. 자신이 풀기 위해 몰두했던 에니그마처럼 수수께끼 같은 삶을 살았던 튜링에게 어울리는 선택이었는지도 모른다.

영국에서 동성애자를 처벌하는 법령은 1967년에 폐지되었고, 2013년에는 동성결혼을 허용하는 법안이 통과되었다. 2013년에 세계 각국의 인권운동가들은 이전에 법적 처벌을 받은 사람들을 사면복권해 달라는 청원상자를 영국 총리에게 전달했는데, 그 상자에는 튜링의 얼굴이 인쇄되어 있었다. 2013년 12월 24일에 튜링이 사면되자 인권운동가들은 이를 환영하면서도 뛰어난 업적을 남긴 사람

색빌 공원에 설치되어 있는 튜링의 조각상
Diego Sideburns, Wikimedia Commons, CC BY-SA 4.0

만 사면하는 영국 정부를 비판했다. 결국 2017년 1월에는 동성애자를 전면적으로 사면하는 법안이 통과되었는데, 그것은 속칭 '앨런 튜링 법'으로 불리고 있다.

튜링은 세상을 떠났지만, 그의 이름은 자주 소환되고 있다. 1966년부터 미국의 전산장비학회(Association for Computing Machinery, ACM)는 컴퓨터 분야의 노벨상으로 불리는 '튜링상'을 수여하고 있다. 1999년에 ≪타임≫은 20세기의 가장 중요한 인물 100인을 선정하면서 수학자로는 괴델과 튜링의 이름을 올렸다. 2001년에는 맨체스터 대학 인근의 색빌 공원에 튜링의 조각상이 설치되었는데, 튜링이 사과를 들고 의자에 앉아 있는 모습을 담고 있다.

튜링 탄생 100주년이 된 2012년에는 ≪네이처≫가 튜링을 표지 모델로 내세워 고인을 추모했다. 2021년에는 영국 은행이 50파운드 지폐의 새로운 모델로 튜링을 선정했다. 지폐 뒷면에는 0과 1로 이루어진 25자리 숫자 코드가 등장하는데, 이는 튜링의 출생일인 1912년 6월 23일을 이진법으로 나타낸 것이다.

# 각 장의 기초가 된 글들

1. 송성수, 『사람의 역사, 기술의 역사』 제3판 (부산대학교출판문화원, 2019), 50-63쪽.
2. 송성수, 『한 권으로 보는 인물과학사』 제2판 (북스힐, 2015), 82-90쪽.
3. 같은 책, 140-150쪽.
4. 같은 책, 271-280쪽.
5. 송성수, 『사람의 역사, 기술의 역사』, 181-195쪽.
6. 신작
7. 송성수, 『사람의 역사, 기술의 역사』, 427-438쪽.
8. 송성수, 『한 권으로 보는 인물과학사』, 523-534쪽.
9. 같은 책, 593-602쪽.
10. 신작
11. 송성수, 『위대한 여성 과학자들』 (살림, 2011), 61-72쪽.
12. 신작

# 참고문헌

김영식, 박성래, 송상용, 『과학사』 개정판 (전파과학사, 2013).
박성래, 『인물과학사 2: 세계의 과학자들』 (책과 함께, 2006).
송상용, 『과학자들: 피타고라스에서 이태규까지』 (자유아카데미, 2018).
송성수, 『한 권으로 보는 인물과학사』 제2판 (북스힐, 2015).
송성수, 『사람의 역사, 기술의 역사』 제3판 (부산대학교출판문화원, 2019).
오진곤, 『틀을 깬 과학자들』 (전파과학사, 2002).
이종호, 『천재를 이긴 천재들』 (글항아리, 2007).
임경순, 정원, 『과학사의 이해』 (다산출판사, 2014).
홍성욱, 『그림으로 보는 과학의 숨은 역사』 (책세상, 2012).
황진명, 김유항, 『과학과 인문학의 탱고』 (사과나무, 2014).
로드리 에번스, 브라이언 클레그(김소정 옮김), 『세상을 보는 방식을 획기적으로 바꾼 10명의 물리학자』 (푸른지식, 2016).
로이 포터 엮음(조숙경 옮김), 『2500년 과학사를 움직인 인물들』 (창작과 비평사, 1999).
앤드류 로빈슨 편저(이창우 옮김), 『위대한 과학자들』 (지식갤러리, 2012).
에른스트 피셔(김수은 옮김), 『청소년을 위한 과학인물사전』 (열대림, 2009).
제임스 맥클렐란 3세, 해럴드 도른(전대호 옮김), 『과학과 기술로 본 세계사 강의』 (모티브, 2006).
존 그리빈(강윤재, 김옥진 옮김), 『과학, 사람이 알아야 할 모든 것』 (들녘, 2004).
찰스 길리스피(이필렬 옮김), 『객관성의 칼날』 (새물결, 2005).
캐서린 쿨렌(황선영 외 옮김), 『천재들의 과학노트』 총8권 (일출봉, 2007).
피터 보울러, 이완 모러스(김봉국 외 옮김), 『현대과학의 풍경』 총2권 (궁리, 2008).
토머스 뷔르케(유영미 옮김), 『물리학의 혁명적 순간들』 (해나무, 2010).
토머스 쿤(김명자, 홍성욱 옮김), 『과학혁명의 구조』 제4판 (까치, 2013).
Wikipedia(https://en.wikipedia.org/wiki/).

### 1장. 끝을 알 수 없는 르네상스의 거장, 레오나르도 다빈치

송상용 편저, 『교양 과학사』 (우성문화사, 1984); 송상용, 『과학자들: 피타고라스에서 이태규까지』 (자유아카데미, 2018).

주경철, 『주경철의 유럽인 이야기 1』 (휴머니스트, 2017).
제이콥 브로노우스키, 브루스 매즐리시(차하순 옮김), 『서양의 지적 전통』 (학연사, 1988).
지오르지오 바자리(이근배 옮김), 『르네상스의 미술가 평전』 (한명, 2000).
에른스트 페터 피셔(이민수 옮김), 『과학혁명의 지배자들: 레오나르도부터 제임스 왓슨까지』 (양문, 2002).
마이클 화이트(안인희 옮김), 『최초의 과학자, 레오나르도 다빈치』 (사이언스북스, 2003).
카를로 페드레티(강주헌, 이경아 옮김), 『레오나르도 다빈치, 위대한 예술과 과학』 (마로니에북스, 2008).
빌렌트 아탈레이(채은진 옮김), 『다빈치의 유산: 숨겨진 과학과 인간의 신비』 (말글빛냄, 2008).
프리초프 카프라(강주헌 옮김), 『다빈치처럼 과학하라』 (김영사, 2011).
토머스 미사(소하영 옮김), 『다빈치에서 인터넷까지』 (글램북스, 2015).
월터 아이작슨(신봉아 옮김), 『레오나르도 다빈치』 (아르테, 2019).

**2장. 기계적 철학으로 접근한 자연 세계, 르네 데카르트**

김영식, 『과학혁명』 (민음사, 1984; 아르케, 2001).
박민아, 『뉴턴 & 데카르트: 거인의 어깨에 올라선 거인』 (김영사, 2006).
홍성욱, 서민우, 장하원, 현재환, 『21세기 교양 과학기술과 사회』 (나무나무, 2016).
제이콥 브로노우스키, 브루스 매즐리시(차하순 옮김), 『서양의 지적 전통』 (학연사, 1988).
리처드 웨스트폴(정명식, 김동원, 김영식 옮김), 『근대과학의 구조』 (민음사, 1992).
존 코팅엄(정대훈 옮김), 『데카르트』 (궁리, 2001).
에른스트 페터 피셔(김수은 옮김), 『청소년을 위한 과학인물사전』 (열대림, 2009).
야마구치 슈(김윤경 옮김), 『철학은 어떻게 삶의 무기가 되는가』 (다산초당, 2019).
르네 데카르트(이현복 옮김), 『방법서설』 (문예출판사, 2022).
Richard H. Popkin, The History of Skepticism from Erasmus to Spinoza (Berkeley, CA: University of California Press, 1979).

**3장. 과학, 발명, 정치의 팔방미인, 벤저민 프랭클린**

섯클리프 부부(정연태 옮김), 『과학사의 뒷얘기 Ⅱ: 물리학』 (전파과학사, 1973).
제이콥 브로노우스키, 브루스 매즐리시(차하순 옮김), 『서양의 지적 전통』 (학연사, 1988).
로이스톤 로버츠(안병태 옮김), 『우연과 행운의 과학적 발견 이야기』 (국제, 1994).
앨런 브링클리(황혜성 외 옮김), 『미국인의 역사 1』 (비봉출판사, 1998).
이라 플래토우(김철구 옮김), 『인간의 삶을 뒤바꾼 위대한 발명들』 (여강출판사, 2002).
월터 아이작슨(윤미나 옮김), 『인생의 발견』 (21세기북스, 2006).
벤저민 프랭클린(정윤희 옮김), 『벤저민 프랭클린 자서전』 (원앤원북, 2015).
I. Bernard Cohen, Franklin and Newton (Philadelphia: American Philosophical Society, 1956).

#### 4장. 제본공에서 일류 과학자로, 마이클 패러데이

정동욱, 『패러데이 & 맥스웰: 공간에 펼쳐진 힘의 무대』 (김영사, 2010).

피터 하만(김동원, 김재영 옮김), 『에너지, 힘, 물질』 (성우, 2000).

콜린 러셀(김문영 옮김), 『전자기학과 패러데이』 (바다출판사, 2006).

멜빈 브래그(이원경 옮김), 『세상을 바꾼 12권의 책』 (랜덤하우스코리아, 2007).

랄프 뵌트(배명자 옮김), 『마이클 패러데이, 전기로 세상을 밝힌 남자』 (21세기북스, 2011).

낸시 포브스, 배질 마혼(박찬, 박술 옮김), 『패러데이와 맥스웰』 (반니, 2015).

마이클 패러데이(이은경 옮김), 『촛불 하나의 과학』 (인간희극, 2019).

Geoffrey N. Cantor, David C. Gooding and Frank James, Michael Faraday (New York: Humanities Press, 1996).

#### 5장. 전신 시스템을 개발한 화가, 새뮤얼 모스

김명진, 『세상을 바꾼 기술, 기술을 만든 사회』 (궁리, 2019).

홍성욱, 『모던 테크』 (EBS, 2020).

톰 스탠디지(조용철 옮김), 『19세기 인터넷, 텔레그래프 이야기』 (한울, 2001).

토머스 슈트라이스구트(이민아 옮김), 『통신: 더 멀리 더 가까이』 (지호, 2002).

데이비드 보더니스(김명남 옮김), 『일렉트릭 유니버스』 (생각의 나무, 2005; 글램북스, 2014).

데이비드 크라울리, 폴 헤이어 엮음(김지운 옮김), 『인간 커뮤니케이션의 역사: 기술, 문화, 사회』 (커뮤니케이션북스, 2012).

루스 코완(김명진 옮김), 『미국 기술의 사회사』 (궁리, 2012).

#### 6장. 파리의 상징을 만든 철의 마술사, 귀스타브 에펠

조성관, 『파리가 사랑한 천재들: 예술인편』 (열대림, 2016).

김종기, 『파리는 당신을 기억합니다』 (미다스북스, 2024).

데이비드 하비(이현주 옮김), 『에펠: 상상의 힘으로 근대 유럽을 건설한 19세기의 공학 천재』 (생각의 나무, 2005).

헨리 페트로스키(최용준 옮김), 『이 세상을 다시 만들자』 (지호, 1998).

우르술라 무쉘러(김수은 옮김), 『건축사의 대사건들』 (열대림, 2005).

요시미 순야(이태문 옮김), 『박람회, 근대의 시선』 (논형, 2004).

#### 7장. 공학에서 여성의 영역을 만들다, 릴리언 길브레스

송성수, 「역사 속 여성 엔지니어를 찾아서: 릴리언 길브레스의 사례」, ≪공학교육연구≫ 제17권 3호 (2014), 69-76쪽.

다니엘 렌(양창삼 옮김), 『현대경영학사: 경영사상의 발전』 (대영사, 1987).

다니엘 렌, 로날드 그린우드(정현경 옮김), 『경영혁신자: 현대 비즈니스의 틀을 다진 인물들과 아이디어』 (범문사, 2003).

프랭크 길브레스 주니어 외(장석영 옮김), 『아빠 고생하신 거, 우리 다 알아요』(현실과 미래사, 2000).

Martha M. Trescott, "Lillian Moller Gilbreth and the Founding of Modern Industrial Engineering", Joan Rothschild (ed.), Machina Ex Dea: Feminist Perspectives on Technology (New York: Pergamon Press, 1983), pp. 23–37.

### 8장. 서로 배타적인 것들은 상보적이다, 닐스 보어

임경순, 『현대 물리학의 선구자들』(다산출판사, 2001).

이현경, 『아인슈타인 & 보어: 확률의 과학, 양자역학』(김영사, 2006).

곽영직, 『서양과학고전』(팬덤북스, 2013).

김유신, 『양자역학의 역사와 철학』(이학사, 2012).

조지 가모프(김정흠 옮김), 『물리학을 뒤흔든 30년』(전파과학사, 1975).

바바라 러벳 클라인(차동우 옮김), 『새로운 물리를 찾아서』(전파과학사, 1993; 2018).

리처드 로즈(문신행 옮김), 『원자폭탄 만들기』 총2권 (사이언스북스, 1995; 2003).

짐 오타비아니(김소정 옮김), 『닐스 보어: 20세기 양자역학의 역사를 연 천재』(푸른지식, 2015).

John L. Heilbron and Thomas S. Kuhn, "The Genesis of the Bohr Atom", Historical Studies in the Physical Sciences, Vol. 1 (1969), pp. 211–290.

### 9장. 두 개의 노벨상에 얽힌 사연, 라이너스 폴링

조항민, 『위대한 과학자의 사회 책임과 소통』(커뮤니케이션북스, 2016).

톰 헤이거(고문주 옮김), 『화학 혁명과 폴링』(바다출판사, 2003).

해리 콜린스, 트레버 핀치(이정호, 김명진 옮김), 『닥터 골렘: 두 얼굴의 현대 의학, 어떻게 볼 것인가』(사이언스북스, 2009).

테드 고어츨, 벤 고어츨(박경서 옮김), 『라이너스 폴링 평전』(실천문학사, 2011).

켈리 무어(김명진, 김병윤 옮김), 『과학을 뒤흔들다: 미국 과학자 운동의 사회사, 1945~1975』(이매진, 2016).

John W. Servos, Physical Chemistry from Ostwald to Pauling: The Making of a Science in America (Princeton: Princeton University Press, 1990).

### 10장. 종의 합성과 씨앗 독립을 이룬 한국인, 우장춘

김태욱, 『마음속에 살아있는 인간 우장춘』(신원문화사, 1984).

쓰노다 후사코(오상현 옮김), 『조국은 나를 인정했다』(교문사, 1992); 츠노다 후사코(우규일 옮김), 『나의 조국: 우장춘 박사 일대기』(북스타, 2019).

오동훈, 「겨레의 농학자 우장춘」, 박성래 외, 『우리 과학 100년』(현암사, 2001), 272–291쪽.

김선미, 「밟혀도 꽃피는 길가의 민들레, 우장춘」, 『시민을 위한 부산 인물사: 근현대편』(선인, 2004), 222−231쪽.
김근배, 「우장춘의 한국 귀환과 과학연구」, ≪한국과학사학회지≫ 제26권 2호 (2004), 139−164쪽.
김근배, 「한국에 헌신한 세계적 유전육종학자, 우장춘」, 김근배 외, 『한국 과학기술 인물 12인』(해나무, 2005), 277−306쪽.
김근배, 『우장춘: 종의 합성을 밝힌 과학 휴머니스트』(다섯수레, 2009).
정종현, 「과학과 내셔널리즘: '해방전후' 과학(자)의 이동과 우장춘 서사의 과학 담론을 중심으로」, ≪상허학보≫ 제39집 (2013), 207−249쪽.
이종호, 『한국의 과학 천재들: 한국이 낳은 세계적인 과학자들』(북스타, 2016).
국립원예특작과학원(www.nihhs.go.kr)

## 11장. 봄이 침묵하는 까닭은?, 레이첼 카슨

임경순, 「레이철 카슨의 『침묵의 봄』(1962) 출현의 역사적 배경 및 그 영향」, ≪의사학(醫史學)≫ 제5권 2호 (1996), 99−108쪽.
김재희, 『지구의 딸, 지구시인, 레이첼 카슨』(이유책, 2003).
김재호, 『레이첼 카슨과 침묵의 봄』(살림, 2009).
린다 리어(김홍옥 옮김), 『레이첼 카슨 평전』(샨티, 2004).
알렉스 맥길리브레이(이충호 옮김), 『세계를 뒤흔든 침묵의 봄』(그린비, 2005).
레이첼 카슨(김은령 옮김), 『침묵의 봄』(에코리브르, 2011; 2024).

## 12장. 컴퓨터와 인공지능에 남긴 족적, 앨런 튜링

박정일, 『튜링 & 괴델: 추상적 사유의 위대한 힘』(김영사, 2010).
홍성욱, 『포스트휴먼 오디세이』(휴머니스트, 2019).
존 에이거(이정 옮김), 『수학 천재 튜링과 컴퓨터 혁명』(몸과 마음, 2003).
마틴 데이비스(박정일, 장영태 옮김), 『수학자, 컴퓨터를 만들다: 라이프니츠에서 튜링까지』(지식의 풍경, 2005).
데이비드 리비트(고중숙 옮김), 『너무 많이 알았던 사람: 앨런 튜링과 컴퓨터의 발명』(승산, 2008).
잭 코플랜드(이재범 옮김), 『앨런 튜링: 컴퓨터와 정보 시대의 개척자』(지식함지, 2014).
앤드루 호지스(박정일 옮김), 『튜링: 이미테이션 게임』(해나무, 2015).
앤드루 호지스(김희주, 한지원 옮김), 『앨런 튜링의 이미테이션 게임』(동아시아, 2015).
앨런 튜링(노승영 옮김), 『앨런 튜링, 지능에 관하여』(에이치비 프레스, 2019).

# 찾아보기

### ㅎ



### 기타

# 경계를 넘나든
# 통섭의 과학기술자들
## - 레오나르도 다빈치에서 앨런 튜링까지

저　　자　송성수
발 행 인　김지영
발 행 처　자유아카데미
주　　소　경기도 파주시 회동길 37-42
　　　　　파주출판도시
전　　화　031-955-1321
팩　　스　031-955-1322
홈페이지　www.freeaca.com
전자우편　main@freeaca.com(대표)
　　　　　editor@freeaca.com(편집)
　　　　　crm@freeaca.com(영업)
등　　록　제406-2003-017호, 1980. 7. 12
제1판1쇄　2025년 7월 25일 발행


ISBN 979-11-5808-732-6 93400